云上女性成长系列

The
Awakening
of
Women

女性的觉醒

—— 云上 著 ——

海峡出版发行集团｜福建教育出版社

图书在版编目（CIP）数据

女性的觉醒/云上著. —福州：福建教育出版社，2024.1
（云上女性成长系列）
ISBN 978-7-5334-9835-1

Ⅰ.①女… Ⅱ.①云… Ⅲ.①女性－人生哲学－通俗读物 Ⅳ.①B821-49

中国国家版本馆CIP数据核字（2023）第252627号

云上女性成长系列

Nüxing De Juexing

女性的觉醒

云上　著

出版发行	福建教育出版社
	（福州市梦山路27号　邮编：350025　网址：www.fep.com.cn）
	编辑部电话：0591-83786915　83779650
	发行部电话：0591-83721876　87115073　010-62024258）
出 版 人	江金辉
印　　刷	福州报业鸿升印刷有限责任公司
	（福州市仓山区建新镇建新北路151号　邮编：350082）
开　　本	890毫米×1240毫米　1/32
印　　张	9.125
字　　数	189千字
插　　页	2
版　　次	2024年1月第1版　2024年1月第1次印刷
书　　号	ISBN 978-7-5334-9835-1
定　　价	45.00元

如发现本书印装质量问题，请向本社出版科（电话：0591-83726019）调换。

前言：追随你内心的北极星

在"女性"这个话题上，影响我最深的一本书是英国女作家弗吉尼亚·伍尔夫的《一间自己的房间》，她在这本书里告诉我们：一个女性想要自由写作，需要一间自己的房间和一年500英镑的收入。

二十多岁的时候，我看这本书，理解这句话的意义是女性想要自由，需要思想独立和经济独立。

当我四十多岁再来看这句话，语言变得直白得多：一个女性想要自由，她要读书，要有钱。

可是，当我很近距离地去接近我想要面对的群体，姑且称之为城市新中产女性吧，当我和她们在一起，我发现，似乎并不是读多少书和有多少钱的问题，而是限制她们的"思维定势"和"认知结构"。即女性究竟有多少种可能性，我是否可以追寻得到？很多女性没有那样的自信。

这种限制来源于多种原因，集体的无意识、原生家庭的未满足，以及社会舆论的无形塑造……

作为一个给"女学生"（主要是城市的中产女性）上过很多年课的老师，我一直记得另外一位给女学生上了38年课的老师说过的话。这位老师就是美国的神话学大师约瑟夫·坎贝尔，他在他的访谈录《英雄之旅》里有一段话，我在各种场合分享过，每次分享都会震动我的内心。

> 在我看来，追随你的极乐意味着相信所谓"受到神话启发的生活"。我有教授女学生的多年经验，有时我会亲眼看到某个人的觉醒。这是教学过程中非常美妙的时刻。5年、10年或20年后，你在校友聚会上再次见到那个人，你可以看出追随内心北极星的女生和过着典型婚姻生活的女生之间的差别。在典型的婚姻生活中，她是家庭主妇，做着和她最初想要的生活毫无关系的家务。当见到她们时，你就能看出这种差别——她们内在生命力的差别。有幸成为艺术家的女性或者进入需要想象力的工作领域的女性，我觉得是生活最自在的女性，不过这不是追随你的极乐的唯一方式。
>
> ——〔美〕约瑟夫·坎贝尔《英雄之旅》

我曾经是大学老师，本来有机会一直给女大学生上课。遗憾的是，后来我离开了高校，创办了新式学校，从幼儿园到初中，已经走过了十多年的时间。《母亲的英雄之旅》是我记录创办学校过程的书，其中"英雄之旅"的启发正是来自坎贝尔。

虽然为着孩子做学校，也是我内心的一颗北极星，但它并不是全部。在追随这颗北极星的同时，我依然记得自己的另一个愿望——给女学生上课。

截至本书出版，我已经给女学生上了七年多的课。这本书就是整理记录我给女学生上课的内容以及涉及的一些案例。这些案例的记录都经过了案主本人的允许。

与在高校里面不同，这些女学生大多是已婚已育的女性。

相比大学里的被动学习，这些来学习的女性有更加主动的学习愿望。她们想要变得更好。就像坎贝尔一样，我常常会在课堂上亲眼看到某个人的觉醒，这是教学过程中非常美妙的时刻。但是我才上了七年多的课，离坎贝尔的 38 年还有很长的距离。所以，我看到的还远远不够。

我希望自己能够一直上下去，直到看到那种"觉醒"之后的差别。这是我想要为女性做的事，也是我内心追随的"北极星"。

目 录

前言：追随你内心的北极星

第一章　女性的觉醒
第一节　为什么我们需要学习？　　　003
第二节　我们该学习什么？　　　014
第三节　我们该怎样学习？　　　036

第二章　我是谁？我们如何定义自己
第一节　什么是自我？　　　049
第二节　第二性：女性的自我认同　　　060
第三节　女性的命运　　　076

第三章　我从哪里来：与父母和解
第一节　家为何会影响人　　　083
第二节　童年创伤　　　099
第三节　童年资源　　　110
第四节　与父母和解　　　122
第五节　教养假设真的成立吗？　　　139

第四章 内在小孩

第一节 什么是内在小孩 151
第二节 内在小孩是如何形成的？ 158
第三节 创伤的内在小孩 165
第四节 疗愈内在的小孩 182
第五节 做自己的好父母 193

第五章 "冰山"隐喻及转化

第一节 "冰山"隐喻 199
第二节 冰山的转化 219
第三节 一念之转 246

第六章 沟通：与世界和平相处

第一节 沟通的要素与原则 255
第二节 沟通的误区与迷思 264
第三节 一致性沟通 273

第一章 女性的觉醒

第一节　为什么我们需要学习？

学习的三个目的：
解释问题
解决问题
预测问题

你因何而来？

这本书，是为妈妈们写的。说得更聚焦一些，是为中国当代知识女性写的。

为什么要为她们写这样一本书呢？因为，我自己就是这大军中的一员，深刻感受着一种共同的命运。

从 2016 年开始，我陆陆续续给一些妈妈上成长类的课程。

每当有新学员走进我的课堂，我总会问一个问题：是什么推动你走进这个课堂的？也就是说，你为什么来？你想解决什么问题？

她们常常会被这个问题问住，显得很迷茫。在一段时间的呆滞之后，她们会告诉我：我遇到了亲子关系的问题，我和我的老大相处出了问题，我和我老公最近关系不好，我不知道自己该干什么,我对我的职业感到迷茫,我可能有点抑郁,我上次听谁说这个课很不错,就觉得可能很适合我,我就来了……

各式各样的答案。结论无非一个:我搞不定我现在的生活了,所以我来了。

把大家的问题分类一下,大体就是如下几个:

关系焦虑

亲子关系、夫妻关系、婆媳关系以及原生家庭关系的焦虑。

职业迷茫

是做全职妈妈还是去上班?是请保姆还是自己带孩子?是安居一个稳定却低端的职位,还是去挑战一个高难度的职位?是工作为重还是家庭为重?赚钱的事不喜欢做,喜欢做的事情不赚钱怎么办?……

财务危机

一个孩子是台碎钞机,两个孩子得开个印钞厂,收入不高,花费太大,老公忍不住抱怨工作的压力太大,养家太辛苦,自己喜欢买买买却又感到财务很不自由……

自我缺失

没有目标感,不知道人生的意义是什么,找不到意义,感觉迷茫。找到了意义,又太艰难,不敢相信……无法解答我是谁?我的存在价值是什么,仿佛相夫教子成了生活的全部,而有时候觉得自己连这一点都做得不好。倘若人生便是如此，那么究竟有什么意义？

生活上分身乏术，工作上不思进取，经济上一筹莫展，感情上枯燥苍白，自我缺失，没有目标，价值感很低……感觉自己很失败。

大体便是如此。所以，我们该怎么办？

答案就在原因里

芸芸众生，总喜欢问，我怎么办呀？而有智慧的人会问：发生了什么？你是怎么变成今天这个样子的？

大多数人总是执着于追求一个答案，一个解决办法。却只有少数人知道，你的答案就在你的原因里，或者说，其实就藏在你的每一个当下里。现在的你，是过去的你所造；未来的你，是现在的你所造。在当下的每一个境况里，你可以看见自己的问题，并从这里开始学习改变。

关系焦虑，是因为没有处理好自己的各种关系，不了解处理关系的各种方法。处理亲子关系、亲密关系、原生家庭父母的关系、工作关系，都是需要学习的。解决关系焦虑，就是要去学习处理关系的方法，然后进行长时间的坚持练习。

职业迷茫，是因为很长时间都没有给自己做职业规划，没有关于人的不同阶段职业特性的基本常识，不知道职业发展的基本规律，缺少职场的经验。所以，身处职业迷茫其实应该要去工作，在工作中学习，通过实践的不断反馈，规划自己的职业发展路径，并适时调整方案。

财务匮乏，是因为自己赚的钱很少呀，现有的收入无法承担现在和未来的支出，甚至根本没有收入。这个病怎么治呀？去工作，增加主动收入；学习理财，增加被动收入；减少支出，控制自己买买买的欲望。

自我缺失，是因为不知道你的每一分每一刻都是你的自我在做选择。你缺失的不是自我，是选择的标准，不知道什么该坚持，什么该放弃。世界所有的好，不可能尽归你所有，什么都想，就什么也得不到。人这一生，时间是有限的，对每一个人都很公平，有人得偿所愿，就说实现了自我，有人得不偿失，就说没有实现自我。那么，所谓的自我，究竟是什么？有没有一个独立于这个世界，独立于人际关系、社会价值之外的单独的自我存在？没有的，不存在一个本质的自我等你去追求，你的自我是你每一分每一秒建构的，也就是说，自我是你选择的结果。你不是缺失了自我，你只是缺失了选择的标准。

总有学员问我：老师，我按照你说的做了，为什么没有效果？

——你坚持了多长时间？

——两个月。

——很不错，那么，关系是否有改善呢？

——进步了很多。

——那为什么说没有效果呢？

——没有像我想象的那么有用。

——你想象了什么？

……

你想象两个人的关系,从冰点瞬间达到沸点,已无眼神交流的人,瞬间通过你的一段练习,就能够恢复如初,相依相恋?

这是个虚妄的期待。

你想象你和孩子的关系,通过一两次的学习、一两个月的练习,孩子就从非常叛逆,变成比较能够和你沟通,按照你的计划来?

这也是一个虚妄的期待。

你想象你已经开始早起了,读书了,找工作了,经过一段时间,你就可以变成白富美,走上人生巅峰?

这是一个更虚妄的期待。

你大概不可以一步登天,而且不仅不可以,还有可能进一步,退三步。每一次退步,都要花更多的时间、更大的力量去练习。如果学习改变是要经历这些,你是不是准备放弃?

如果你准备放弃,好吧,我想说,你跟大多数人一样。很多人没有意识到,改变的路,大部分都不是好走的路。

如果用一个比喻来形容女性觉醒前后的路,那么觉醒之前,是意义缺失的路,是迷茫的路,就像在暗夜里行走,越走越恐惧,越走越无措。女性觉醒之后的路,就是好走的路吗?并不是。女性觉醒之后的路,是勇敢的路,但也是艰难的路。觉醒之后的路,就像白日行走,路依然在,但有方向,有光的指引。然而,该走的路还是要走,不会因为有了方向和光,就不要走路,身心依然还要受苦。有时候还会因为白日看得更加清楚,而产生暗夜中所不知的一些恐惧。

但，日子要过，此生要完成，路自然还是要走的。是走夜路，还是走白日之路，人终究是有选择权的。

无知者无畏

很多心理咨询师都会有一个体验，走进咨询室的来访者，对心理学了解得越少，就会对心理咨询的期待越高，他们常常把它想象成能够包治百病。事实上，随着经历的个案越多，我们越知道心理学的有限性，它不解决一切外部矛盾，它的运作机理其实是通过解决你的"内在矛盾"，从而影响外部矛盾的化解。

但，大部分的人，还是陷入达克效应的怪圈。

1999年，社会心理学家大卫·邓宁（David Duning）和贾斯汀·克鲁格（Justin Kruger）做了四个有趣的实验，在其中一项实验中，他们让84位康奈尔大学的本科生回答了20道语法题，然后让他们评估自己的语法水平。结果发现，真实成绩最差的那10%的学生，普遍认为自己的语法水平应该可以排进前三分之一。也就是说，越是无能的人越会觉得自己无所不能。其他几项实验，也都得到了类似的结果。

2000年的搞笑诺贝尔心理学奖颁给了他们。因为他们的一篇报告——《论无法正确认识能力不足如何导致过高的自我评价》，报告所写的内容被称为"达克效应"。文中说道："无知要比知识更容易产生自信。"达尔文也说过这样的话。所以达克效应（D-K effect），亦即邓宁-克鲁格效应（Dunning-Kruger effect），它指的是一种认知偏差现象，指的是能力欠缺的人在自己欠考虑的决定上得出错误的结论，但是无法正确认识到自身的不足，辨别错误行为。这些能力欠缺者们沉浸在自我营造的虚幻的优势之中，常常高估自己的能力水平，却无法客观评价他人的能力。

达克效应图

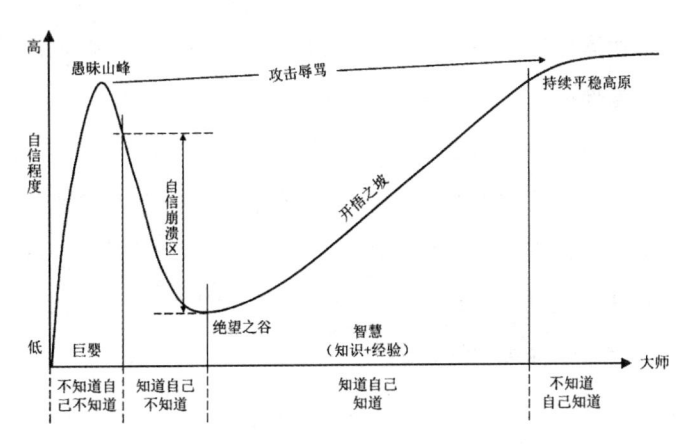

```
高 ┤    愚昧山峰       攻击辱骂              持续平稳高原
   │     ╱╲                          ╱━━━━━━━
自  │    ╱  ╲                       ╱
信  │   ╱    ╲         开          ╱
程  │  ╱      ╲       悟          ╱
度  │ ╱        ╲     之          ╱
   │╱          ╲   坡          ╱
   │            ╲_╱
   │          绝望之谷    智慧
低 ┤ 巨婴                (知识+经验)              大师
   └─────────┬─────────┬──────────────┬──────────→
     不知道自  知道自己    知道自己         不知道
     己不知道  不知道     知道            自己知道
```

走进课堂的学员，要么在无知之巅，要么就在绝望之谷。大体都是这样。所以，我常常给她们讲这张图，并告诉大家，我们人生的不同阶段，会经历不同的达克效应的波段，循环反复。

第一波段：无知之巅。当代大学毕业生，最容易在这个波段，觉得自己无所不能，就是来改变世界的。投递几份简历，被拒几次，大概就可以去第二个波段了。

第二波段：绝望之谷。忽然意识到自己一无是处，要经验没经验，要能力没能力。瞬间觉得自己真的很没用，这就是去了绝望之谷。

来到课堂的妈妈们,常常都在绝望之谷,觉得自己身材也没了,颜值也下线了,工作又失去了,和老公的感情冷淡了,孩子又不听话。真真是在绝望之谷了。在这个时候,我常常会跟她们说:"不要年纪轻轻就觉得自己到了人生的低谷,你还有更大的下降空间。"她们常常被这句话震惊到。自然是这样的,身处绝望之谷,要么触底反弹,要么长此以往,要么继续下降……所有走向觉醒的女性,大体心中是期待着能够逐渐回到人生的高原的。只是这是一段要付出足够努力的路。

第三波段:开悟之坡。在经过深深的绝望和自我否定之后,我们发现自己需要改变。也许是需要学习,也许是需要与人交流,也许开始工作,也许参加了读书会……感觉到失去的力量慢慢回到身体里,我们又可以面对生活的现实了。这就是开悟了,没那么虚妄也没那么绝望。

第四波段:平稳的高原。好好努力了一段时间,自我感觉不错,感觉人生走上了巅峰。一切风平浪静了,从此就在那里幸福地待着。不好意思,醒一醒,这是第二个无知之巅波段的开始。生活从不手软,你会很快进入绝望之谷的。解救自己的方式是,你要知道人生的每一个不同的阶段,我们都会经历这四个波段。

我们曾经以为,人生真的可以像长辈祝福的那样"一帆风顺、万事如意",遗憾的是,后来我们发现,祝福之所以成了祝福,是因为它难以实现。现实的人生,就是"人生不如意,十有八九"。

只有懂得生命是多么脆弱的人，才知道生命多么可贵。只有懂得幸福多么来之不易的人，才知道珍惜每一个可贵的当下。一切本来就是会改变的。接受改变才是现实的本来真相，我们就不再觉得每一次的起起落落是多么痛苦，会把它当作晴天的阳光、雨天的风一样正常。

我们学习的最终目的，就是接受——接受人生是无常的，并在当下去感受幸福。如果每一个当下，我们都能够感受到幸福，那么，我们大概是幸福的。

当代知识女性的困境究竟是什么？

2019年时，我认为当代知识女性的核心困境是女性对独立自我的追求和传统相夫教子的期待之间的矛盾。这个认知源于一次我和我先生的对话。

我问他：你对我的核心期待是什么？

他说：相夫教子。

我非常生气，有一股怒火滚滚燃烧着我的大脑。我想起了我博士期间的研究课题：女性主义。在我所有的认知里，我努力读书的目的就是改变女性被家庭制约的命运。年轻的时候，我想象自己是一个斗士，一定要为了女性的独立奋斗终生。

可我没有想到，我的先生对我的期待竟然和我想的完全不一样。我既感到深刻的挫败，又感到巨大的无奈，还有很深的愤怒和悲伤。

我突然意识到，这个世界和我们想象的完全不同。大清都亡了100多年了，女性解放运动也已经200多年过去了。大部分男性对于女性的定位依然还是"相夫教子"四个大字。

这让我想起鲁迅先生在《狂人日记》里那段名言：我翻开历史一查，这历史没有年代，歪歪斜斜的每页上都写着仁义道德四个字。我横竖睡不着，仔细看了半夜，才从字缝里看出字来，满本写着两个字是吃人。

当然，后来我很理性地和先生说：我理解他的期待。但是这种说法，太伤人了，让我感受到了巨大的委屈和不满，我有一种要被牺牲掉的感觉。我相信真正好的家庭关系不是这样的，它应该是一种互相成全的关系。每个人都被允许做自己，得到家人的爱和成全，这个家没有人被牺牲，每个人都找到了自我，并且很好地成为了自己。

他自然不会否认，他是个好先生。但是不妨碍好先生大脑里也有旧思想。所以，当我确认当代知识女性的核心问题是这个的时候，我认为，我们需要改变的是男人们对这件事的认知。现在回想，那个时候是多么幼稚呀。

2021年末，在一期课程中，我询问学员们现在最大的困境究竟是什么，是什么阻碍了大家的进步，学员们七嘴八舌，十分热闹。但我却在里面听到了惊雷声。我突然意识到，阻碍当代知识女性进步的最大的一个问题竟然是——

受过高等教育的女性却一生想要依靠别人。

她们觉得如果嫁得好，那么不学习不工作也是可以的。当她们想要做一个决定时候，第一时间想的都是询问老公的意见。她们对自己的决定和选择没有信心，不断地去男人那里寻求确认……

真是于无声处听惊雷！2019年之前的我是多么幼稚。

原来真正需要改变的是女性自己的内在认知。

女性的觉醒、改变与成长，对内要做自己探索，深刻地了解自己的创伤、资源和天赋；对外要练习各种社会能力，包括处理关系的能力、工作的能力、培养社交技巧和理财能力……

向内探索，向外生长，这才是我们应该去做的事。

第二节 我们该学习什么？

> 我们该学习什么？我们该学会改变自己，学习改善人际关系、职业发展和财务状况，因为这是幸福的"三驾马车"。我们还需要学习如何找到人生的使命，追寻内心的北极星。当我们完成这一切，我们就做到了萨提亚女士说的"第三度出生"。
>
> ——云上

改变自己，就是改变世界

关于改变，有几句很重要的话。

第一句：改变是可能的。

神经心理学家已经通过实验证明，人的神经在成年以后仍然可以重塑。如果连神经都可以重塑，我们的想法为什么不能改变呢？

第二句：改变是很难的。

有些人宁愿持续受苦，也不愿意改变，其实是因为改变似乎比受苦更难。沉沦于痛苦，有一种"我就是这样苦呀，我没有办法，你看，我是没有办法的"受虐快感，这是一种把失败合法化的自我逃避。而改变，似乎要面对"原来过去的我是错的，是不够好的我"这样的自我质疑。因为无法承受自我质疑的痛苦，就宁愿在现实的痛苦中享受自虐的快感，人还真是一个奇怪的生物。

我们大脑最原始的部分告诉我们，安全感源于熟悉。我们倾向于回到我们之前经历过的情境，因为我们知道如何去应对这些情境。所以，在熟悉的痛苦中挣扎，比在陌生的状态下改变容易。

第三句：每一个人都可以改变。

是的，每一个人。因为，已经有无数人证明了这一点。最有意思的是，改变是可以传染的。你的改变，改变了你的孩子、你的丈夫，甚至你的父母。你的改变还会影响你的朋友、你周围的人，结果你发现，你周围的人与环境都变好了。改变自己，就是改变世界。

关于改变，最有名的说法大概就是这段据说刻在英国最古老的建筑物——威斯敏斯特大教堂旁的墓碑上的话：

当我年轻的时候，我梦想改变这个世界；当我成熟以后，我发现我不能改变这个世界，我于是将目光缩短了些，决定只改变我的国家；当我进入暮年以后，我发现我不能够改变我的国家，我的最后愿望便仅仅是改变我的家庭，但是这也不可能。当我现在躺在床上，行将就木时，我突然意识到，如果一开始我仅仅去改变自己，然后，我可能会改变我的家庭；在家人的帮助和鼓励下，我可能为国家做一些事情；然后，谁知道呢，我甚至可能改变这个世界。

我自己的经历，恰是这段话的印证。年轻的时候，也很虚妄，嫁了人，以为人家爱你，就要听你的，你就可以改变他。可是没过多久，我就发现，别人不会听你的，除非他也是这么认为的。于是我把目标转向了更简单的人，那就是我的孩子。我以为只要我用正确的方法，孩子就会听我的，随着孩子渐渐长大，我才发现，这也是虚妄的，你有你的计划，孩子也有自己的计划。直到我发现自己什么也改变不了，转而向内看，改变自己，慢慢地，我发现，先生变得更好沟通，孩子更不会和你有什么本质的矛盾，身边也越来越多人想要向你学习，改变似乎正在悄然发生。

第四句：要自己付出努力。

来上课的学员，大多都抱有一个疑问和一个期待。这个疑问是，为什么是我需要改变，而不是他们？这个期待是，他们改变，我就好了。然而，谁不是这样想的呢？如果谁都希望，你改变，我受益，那么这个世界上就没有人改变了。你才是那个线头、那个原点，你是发起改变的那个人，你的改变才会改变所有和你有关系的人和物。想到这一点，有没有觉得自己在拯救世界呀。

黄执中老师曾经说过一句这样的话：没有人愿意被改变。

是的，没有人愿意被改变。

但人是一种很奇怪的生物,他居然可以自己选择改变。

所以,改变也是一种选择。如果我们改变,那是因为,我们选择了改变。

我们为什么会选择改变呢?要么太痛,要么追求更美好的生活。要么是为了治病,要么是为了保健。大概就是这两种原因。当然,太痛了而选择改变,难道不也因为想要追求比现在更好的人生吗?我们选择改变,归根结底是因为我们想要追求更美好的人生。

可是,什么才是更好的人生呢?每个人的答案是不同的,每一个教义给出的答案也是不同的。

这本书也是试图去选择一个答案。它是不是你的答案,我不知道,但是,这是我找寻了很久以后,让自己可以安住其中的一个答案。

作为一个女性,如果我的家庭关系良好(与父母关系好,亲密关系好,亲子关系好),有比较好的职业(收入不错,也有价值感),经济自主权高(养得活自己,能够和伴侣分摊养孩子的开销并有盈余),有自己的兴趣,并为此付出努力,在其中感受到快乐。那么,大体上我会觉得这个人生还是很美好的。

我把这条路,称为"幸福的三驾马车"。用关系良好、职业发展和经济独立这三驾马车,把你载往"自我的幸福"这一条康庄大道去。

幸福的三驾马车

第一驾"马车"——关系良好

一个人要经营好自己的生活,首先要经营好他的关系。尤其是女性。男性和女性在本质上有一个不同,男性是以目标为先,女性则是以关系为先。

一个男人如果家庭不幸福,但他的事业是成功的,他依然可以感受到幸福,因为他最重要的那个部分,已经得到了满足。

然而一个女性,无论她的事业多么成功,如果她的家庭不幸福,她都容易怀疑自己。大概率是这样,这是性别的天性。

当然,现在时代宽容多了,我们的追求多元化了,很多女性也不再执着于一定要经营一个好的家庭。这本身无好坏对错,不过是一种选择罢了。

我们在这里谈的是大多数女性。大多数女性是把家庭关系摆在人生最重要的位置上的。很多人分不清家庭关系的优先顺序,尤其是在中国。有一个奇怪的现象,当你让她们把亲密关系、亲子关系、与父母的关系,进行优先级排序的时候,很多女性会把亲子关系排在第一位。

事实上,亲密关系才是关系中的主要矛盾,也就是说,合理的排序是亲密关系、亲子关系、与父母的关系。

亲密关系指向聚合,亲子关系指向分离。建立亲密关系的两个人,是没有血缘关系的,他们走在一起,是情感关系+契约关系。也就是说,我们既要遵守情感原则,又要遵守契约原则。两个人走进婚姻，养育孩子，就好比合伙创立一家公司。情感关系保证我们有合伙的意愿，契约关系保证合伙的长久性和安全性。好的亲密关系，一定是越来越紧密，公司才会经营得越来越好。关系不良，即便有契约，最终也坚持不了多长时间。所以，我常常劝我们的学员，好好去经营自己的亲密关系。

好的亲密关系，让人有一种在天堂的感受。

可是很多学员都觉得经营亲密关系非常难，因为在走进课堂之前，她们常常已经把自己的亲密关系搞坏了。

坎贝尔关于夫妻关系的解说是我比较欣赏的，他说进入婚姻，我们都需要有牺牲，但我们不是为对方牺牲的，我们是为一段关系而做出了牺牲。

当你觉得你是在为你的合伙人牺牲，你的内心充满了怨怼，对这个合伙人也会有很多的期待和抱怨，甚至愤怒，尤其是当你感受到他的付出和你的付出不成正比的时候。但是，当我们想到，我们其实是在为这个公司的合理运营而付出时间和金钱，我们的感受无疑要好得多。

亲子关系走向分离。心理学上有一种说法叫"共生"。共生关系最初出现在婴儿跟母亲之间，婴儿没有完整的自我意识，认为自己跟母亲是一体的，自己所想就是母亲所想，母亲跟他的自我绑定在一起。三岁之后，甚至在一岁多，一些孩子就结束共生状态而进入独立自我的寻找了。分离不是不爱了，他们依然很爱他们的妈妈，依然依恋、依赖他们的妈妈，但是，他们要做自己，他们必须从母亲的情感、愿望、期待里分离出去，这是人的天性。遗憾的是，很多亲子关系都没有做好分离。所以，才会有那么多的"妈宝"。吃什么听妈妈的，找什么样的女朋友听妈妈的，在哪里工作听妈妈的，连穿什么衣服都听妈妈的……

每一个"妈宝"背后，都有一个自己也没有完成和母亲分离的妈妈。真是巨婴养出了下一代巨婴。所以，真正为子女计，是帮她/他顺利完成分离，长出独立的自我，这才是育儿之正道、善道。

还有我们与父母的关系，盘根错节，爱与痛相随。成年以后，我们需要去重新审视自己与父母的关系，完成和父母之间的彻底分离。很多学员是在处理原生家庭关系的时候，才发现自己即使成年了，在经济、生活和情感上并没有完全独立。帮助一个人成长的第一步，其实是完成和原生家庭的和解与分离。

第二驾"马车"——职业发展

阿德勒在《自卑与超越》这本著作中指出，个体心理学发现，一切人类问题可以归类到这三个主题中：职业、社会与性。他认为，通过审视面对这三类问题时的反应，人们就能够了解到他们自己对于生命意义的解读。

职业是人社会化的一个表现。所以，好的职业，不仅带来收入的安全感，也带来社会价值感。当代女性，在她们出生的时候，被告知要认真学习，考大学，长大以后独立自主。于是，在她们的信念里，独立的经济能力和工作能力是很重要的事。但是，当她进入适婚年龄，家人、媒体，各种声音都在告诉她，嫁对人很重要，嫁对了人就可以衣食无忧。在她嫁人以后，又会有无数的人告诉她,生孩子很重要,最好生两个。生完孩子以后,她自己和所有人也都会告诉她,养孩子很重要,工作没有那么重要,女人这一生,最大的职责是"相夫教子"。然后,她崩溃了。因为她的信念体系坍塌了,从小到大她所信奉的那个信念,竟然会因为成家生育而溃不成军。

我一直倡导女性有自己的工作,因为你的社会价值感,老公给不了,公公婆婆也给不了,孩子更给不了,唯有属于你自己的工作能告诉你你对于社会的意义和价值以什么方式呈现,并且如何定价。追求职业成长的过程,是我们和社会议价的过程。可以议价,说明我们不仅仅是先生的太太、孩子的母亲,我们还有自己的专业能力、职业水准。这是一种很棒的感觉。

第三驾"马车"——经济独立

还有一个奇怪的现象,我们并没有给做家务和养育孩子一个定价。当然,家政服务行业是有定价的,家政行业给带孩子的阿姨和做饭做卫生的阿姨,都进行了定价。带孩子的阿姨,价格高一些,孩子越小,价格越高。意味着,从家政服务的角度,养育孩子无疑是家庭生活中最辛苦的一个环节,所以,它需要高一点的经济回报。如果你希望找受过一些教育的家政服务人员,你就需要支付更高的薪酬。

也就是说,家庭服务并非没有定价。只是在家庭中,没有人为生了孩子的妈妈、辞职回家养育孩子的太太支付薪酬。

男人说的最不能听的一句话,就是"我养你"。

无论你多么辛苦地养育孩子,为家庭操劳付出多少,只要你没去工作,男人就会觉得,这个家是他在养着,你和孩子也都是他在养着。只有少部分的"神仙"老公,会在心里感谢你对家庭的付出。

女性结婚生子,回归家庭之后,最大的痛苦就是,不仅失去了职业发展,而且失去了经济自由。每次问老公要钱支付家用而不能够得到温柔回应的时候,就是对女性心灵的凌迟。

这个时代对女性的要求太高了。国家倡导二胎,专家倡导自己带娃,医生倡导母乳养育,社会鼓励女性独立自主、上班工作……这是要女性去"上天"。

太多难以平衡的关系,完全不够用的精力,实在难赚的钱,看不到出路的未来……到底该怎么办呀?

我在课堂上会劝女性用1~3年左右的时间,解决关系的问题;用3~5年的时间,解决职业的问题;用10年以上的时间,解决经济的问题。

办法是有的,需要学习,并且付出实践,还要有足够的耐心和坚持。

不是有了希望才去坚持,而是坚持了才有希望。

探寻未知的自己

在课堂和咨询的过程中,我最经常听到的一句话是"我没有想过问题是在这里。我有点不敢相信"。

每当我们说这样的话的时候,也许,我们终于来到了一个对于我们来说,非常重要的一个边界,这个边界在我们大脑认知的盲区里。

我们大脑的认知,可以分为三个区域:已知的已知、已知的未知、未知的未知。这不是我的原创,而是来自混沌大学沈拓老师的创见。

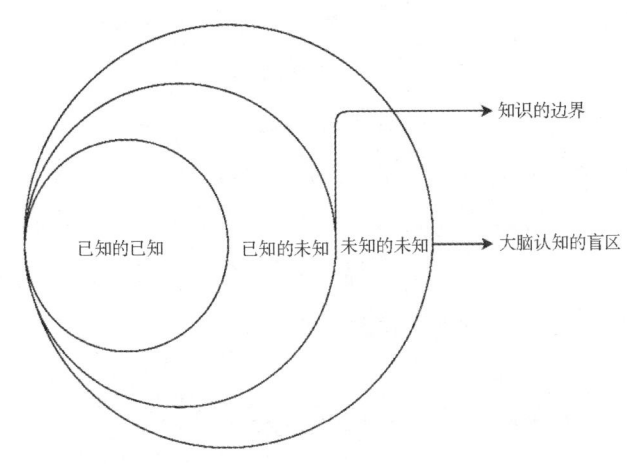

```
已知的已知    已知的未知    未知的未知    → 知识的边界
                                        → 大脑认知的盲区
```

"已知的已知"是认知的安全区域,我们知道自己知道什么,然而,当我们走到这个认知区域的边缘的时候,我们就开始尝试突破一个舒适区,我们要去学习我们已知的未知,也就是说,这个未知的部分,是我们自己知道自己还不知道的。比如,一个初入职场的年轻人,要去学习管理学,就是有意识地突破自己已知的未知。随着我们的学习,已知的未知又会变成已知的已知,从而升级我们的认知。

但是,我们最困难的是到达未知的未知,因为这个部分对大脑认知来说,是彻底的盲区,我们甚至都不知道自己不知道。

我们如何检测自己终于到达这个区域了呢?那就是当你感知到一种叫做"惊讶"的情绪的时候。每当这种情绪升起,我们一定是发现了自己原来不知道的东西。

比如说，在课堂上有学员发现自己喜欢买买买，竟然是和自己与母亲的关系有关的时候，她们惊呆了。她们原来以为，心理学只是她们已知的未知，却没有想过，当我们真正去了解自己和了解他人的时候，才发现有太多未知的未知。

所谓的觉醒，就是不断地推动我们走到"已知的未知"的边缘，不断地去产生惊讶的发现，然后进入"未知的未知"，这个区域将为你解释"你是如何变成今天这个样子的？"

我们因何而来，了解这一点为什么如此重要？因为，只有知道了我们的来处，才能看懂我们的当下；看懂当下，才有选择改变的机会，才有可能看懂未来。

女性的觉醒

在过往的教学和咨询工作中，我见过各种各样的女性，她们往往都是带着一大堆的问题来到课堂上。生活对于她们来说，就像一团乱麻一样的没有头绪。

她们一脸愁苦地看着我，希望我能够给她指一条救赎之道。然而，我却常常残忍地告诉她们，救赎之道并不在我这里，而在她们自己身上。

刚开始她们往往不知所措，心里想着：我是来向你寻求答案的，你却告诉我答案在我身上，那么我为什么需要来上课呢？

然而我在课堂上，看到她们从眼神迷茫到眼里有光，这期间究竟发生了什么？我相信她们一定走了一段奇妙的旅程，但是这段旅程究竟是什么呢？它是如何发生的？

我会说，她们在那一刻"觉醒"了，觉醒了什么呢？觉醒了她是如何来的，看懂了自己和原生家庭的关系，也看懂了自己在父母身上落空的期待，看到了自己的"内在小孩"。也就是说，在这段旅程里面，她们阅读了自己的生命故事。同时，她们也看到了其他同学的生命故事，在倾诉和倾听的过程中，她们找到了一个新的空间，在这个空间里，大家有共同的命运，彼此共鸣。

因为这种全新的觉察，她们就像柏拉图笔下"洞穴里的人"一样，走到了洞口。她站在那里，既是原来的她自己，又不是原来的她自己。她既眷恋成全自己长大的那一切，又迫切希望改变自己，重塑自己的人生。她既需要家人加持的勇气，又渴望自己可以挣脱一切。

她站在洞口，悲欣交集，不知何去何从。

可能很多年以后，她们的命运有了不同的结局。有的人，痛下决心，离开了洞穴，经过了高山、草原、沙漠、河流……经历了风霜雨电，终于来到"开悟"的高坡，可以和过去的自己说再见了。可也有些人，禁不住洞里人的呼喊：回来吧，回来吧，我们需要你。做什么你自己，你不是一直就是你自己吗？

而我就像那个站在洞口的接引者，引渡着想要离开的人。有些人相信我，走向了新的方向，有些人不相信我，又回头走回去了。

最开始，走出来的人很少，有的人走出来了，又回去了，让我感到深深的失望和怀疑，难道这条路真的走不通吗？可是，我自己明明已经走过了呀。

后来，随着时间的积累，愿意走出来的人越来越多，多到开始有人在山岗上高呼：出来吧，出来吧，这里是一个不一样的世界。

似乎，喊的人多了，相信的人也开始变得多起来，于是走出来的人就更多了。

我一直很想找一个词来形容这种变化的过程，它不是蜕变，因为事实上，并没有什么神迹降临的事发生，但又是真实的改变。经过了这个过程的女性，既是原来的她，又不是原来的她。那么，这种变化到底是什么呢？

致敬萨提亚女士

维吉尼亚·萨提亚，一个我们应该深刻感谢和致敬的名字，如果不是她卓绝的发现和努力，也许我们并不能马上找到一条家庭的救赎之路。

她是最早发现并实施家庭系统治疗的咨询师之一，在她所在的年代，她的这种治疗方法，被视为离经叛道。但是，在当今这个时代，这样的治疗方法，真是太实用也太震撼人心了。

1951年，她开始采用家庭系统治疗法来接待她的来访者。这位来访者是一个被诊断为精神分裂症的青年女子。在经过了大约六个月的疗程后，这位病人的情况得到了改善。但是，不久之后，萨提亚却接到患者母亲的电话，控诉她离间她们母女的感情。

萨提亚忽略了她的控诉,看到了她背后的无助。于是她邀请这位母亲一起来到治疗室。新的母女关系开始重建,后来萨提亚又邀请女子的父亲一起加入。可是,当父亲成为治疗过程中的一部分的时候,刚刚建立起来的关系又崩塌了。

于是萨提亚询问家里是否还有其他成员。原来这个女子还有一个兄弟,是这个家里的"黄金宝贝"。(有没有觉得,剧情很相似,家里有一个众望所归的男孩子。)当这个"黄金宝贝"进入萨提亚的咨询过程里,她看到了这个家庭的真相——女孩的地位无足轻重。女孩在这个家庭系统中,为了生存苦苦挣扎,最终她崩溃了。

借由这个案例,萨提亚开始反思个体治疗的有效性,她意识到家庭体系对一个人的影响是如此深远。后来,她的治疗开始选择多个家庭成员参与,她不断发展和尝试各种各样的方法,以达到干预整个系统的目的。

经过几十年的努力,萨提亚发展出了很多治疗技术和信念,其中,最坚定也是最重要的一条信念是,改变是可能的。即便外部的改变非常有限,内部的改变仍然可能存在。

我花了三年的时间,系统学习萨提亚家庭系统治疗方法,并持续五年使用萨提亚的治疗方法给学员上课。当然,在后来的学习过程中,我还融入了心理学其他流派的方法;再后来,不仅心理学,社会学、管理学、经济学、文学……都开始被融合在我的课堂里。

但是,回顾起点,我依然十分感谢自己学习萨提亚的那段历程，感谢授业的林文采老师，她不远万里，从马来西亚来到中国，整整十多年，传播和实践萨提亚的家庭系统治疗方法。

世间并无横空出世的英雄，有的是俯首勤学的学习者和实践者。我想要研究和实践的理论和方法，萨提亚是它的一部分，但它不全是萨提亚，它是什么，我至今也未完全知道。但是，我会一直探索。

谨以此书，致敬光辉的前辈，家庭系统治疗大师——萨提亚女士。也以此书，感谢勤勉的、敬业的林文采老师——心理营养理论的提出者。

感谢这些永恒的女性，指引我们前进。

第三度出生

萨提亚认为人有三度出生。

第一度出生，是精子与卵子的结合。当受精卵形成，生命就诞生了。

第二度出生，是我们从母亲的子宫出来，第一次认识世界，进入一个已经存在的家庭系统。我们的生存完全依赖照顾者，那时候的我们为了求生存，需要在某种程度上放弃自己的一些需求来适应家庭系统。萨提亚认为，我们所有人，都是一生下来就与父母建立了求生存的关系。一个人出生以后，他会通过和家庭系统的互动过程，构建自己对世界的看法，并且构建出自我最初的形象确认。这是一个无意识的过程，在这个过程中，形成了我们的特质和内在反应系统。我们所说的原生家庭对我们的影响，正是这个过程。

第三度出生，是"我们成为自己的决定者"，是"找到意想不到的自己"。当我们成功地实现整合，一个新的"我"就会第三度出生。

在这个过程中，我们需要放下过去那些不适合的"求生存"状态，而产生新的觉察和认知，形成新的应对系统。如果说，过去的求生存的应对姿态是一种自动驾驶状态，那么，新学会的成长型的应对姿态就是一个受过训练的更加高级的驾驶系统。

第一、第二度出生不是人的意识可以决定的，我们只是被决定。但是，当我们长大以后，我们有机会重新审视自己的人生，就有可能启动第三度出生，构建自己的人生选择，创造新的生存模式。然而，在创造第三度出生的过程中，我们常常会受限于第二度出生的过程中留下的障碍（原生家庭造成的创伤），很多案主都受限于原生家庭的模式而不可自拔，找不到自己可以创造的人生方向。事实上，原生家庭在塑造我们的过程中，既形成了未满足的期待和未完成的渴望，也埋下了成长的资源。这个资源每个人都有。

萨提亚曾经说，她所遇到的人，有95%都没有能力联结到她们所需要的内在资源。她说："他们会表现出不同程度的自我价值，我听到里面求生存的信息。"作为咨询师，一个很重要的使命就是帮助案主联结到自己的内在资源，从而拥有改变的力量。在我自己的经历中，案主来到咨询室，总是带着问题而来，问题就像遮在他们生命面前的一团迷雾，阻碍了他们继续向前的步伐。咨询师只要能够帮助案主看到迷雾的背面恰恰就是深刻的资源，案主往往会有奇迹般的转变。

追随你内心的北极星

许多年前，我在坎贝尔的采访录里看到这样一段话，受到很大的内心震动。坎贝尔是我非常喜欢的一位神话学大师，他曾经在一所专门教授女学生的大学里当了 38 年的教师，他对女性既懂得又慈悲。这段话，我看过一遍又一遍，又在各种场合念过一遍又一遍。

贝特·安德列森（Bette Andresen）：你谈到追随你内心的极乐，或者在遭遇青年危机时追随内心的歌。如果这个人当时没有这样的勇气怎么办？是否可能面临中年危机？如果 35 岁时还没有找对方向，是不是太迟了？（安德列森，北加州的一位摄影师兼治疗师）

坎贝尔：救赎永远不嫌迟，她提出了一个好问题。

……

安德列森：很多人在刚过三十岁或三十五六岁遭遇的中年危机是不是就是他们终于意识到他们把梯子靠在了错误的墙上？那有可能是他们矫正过来的最后机会吗？

坎贝尔：我想这有可能。中年危机就像其他较晚期的人生危机一样，是因为一组生活系统突然间解体，你得马上接受另一组不同的生活系统所造成的困扰。如果你原来的生活突然解体了，而你又没有一个新的重心，你就会完全失去方向感。

……追随内心直觉的喜悦而活，就是过一种我称之为"被神话精神所激发的生活"（mythologically inspired life）。我教学生教了很多年，偶尔，我会看到某个女学生在我的施教下，突然觉醒了。这是我教育岁月里的一些美妙时刻。不过，她们有些会贯彻到底，有些则会回复老样子。当我在五年、十年、二十年后的校友会上再次看到她们的时候，就可以明显看到一个追随自己的星辰的女学生和一个过典型结婚生子生活、完全脱离原先理想的女学生之间的分别。你一眼就可以看出这种分别，因为她们流露出来的生命力是大不相同的。那些有幸可以成为艺术家或从事需要想象力工作的学生，据我的感觉，是过得最自在的一群。不过，这并不是你能过上福佑生活的唯一途径。

阿里恩：你说的这一点非常重要。很多人都没有在人生的不同阶段追随属于他们的歌。他们想这样做，但却往往在社会的压力下低头。

坎贝尔：社会压力是人类的大敌。这种例子我看多了。如果一个人老是按照社会的吩咐去做事，那他又怎能指望找出属于自己的轨道？我曾经在一家预科学校教过一年书，看过一群想立定志向依自己的热忱、依自己的内心直觉来生活的年轻人。他们后来有些人贯彻到底，结果就能过上一种高尚、美好的生活。但也有一些人听了爸爸的话而选择了一条安全的路，没能贯彻到底。那是大不幸。

——〔美〕菲尔·柯西诺（Phil Cousineau）主编，梁永安译：《英雄的旅程：与神话学大师坎贝尔对话》

在很长的一段时间里，我会发送这段对话给我熟悉的朋友，那些在困惑中、在中年危机中苦苦挣扎的朋友，有些则是学员。他们中的有些人，回应我，他们也深受触动，因而开始思考人生的下一段究竟该怎么走。也有些人，拒绝了这段话，继续在日复一日的生活中沉沦。

一段时间以后，她们来见我，常常有不同的样子。有些人的眼睛熠熠发光，告诉我，虽然这段时间很痛苦，但是，她好像找到了自己的路，感受到自己与过去的不同。虽然表面看不出那么明显的变化，但是她自己知道，内心是不同的，充盈着某种力量。

还有另外一些人，她们的头依然低垂，问我还有没有别的"药方"可以对她们有更加直接的帮助，她们觉得，似乎过去给的方法是不够用的。

这种变化之间的差别常常不过是几个月的时间。所以，有时候，我会想，如果几年呢？甚至几十年呢？这种差别会有多大？我会不会像坎贝尔一样，见到那些追随了内心的北极星的姑娘们最终活成了与别人不同的样子。

我想，追随内心的北极星，就是追求一种"英雄之旅"式的生活。我们要为自己的生活找到一个永恒追求的高尚目标，并为此一直努力向前。

很多学员告诉我：老师，我不知道目标是什么。我回答她们：没有关系的，因为找到一个自己热爱的目标，并不是那么容易的事。北极星藏匿在群星中，但它是最亮的那一颗，你永远都有机会寻找到它，只要你不放弃你的寻找。

使命：生命不能承受之重

年轻的时候，我喜欢捷克著名作家米兰·昆德拉的《生命不能承受之轻》里的一句话：人生不能等它完美了再重新度过。并且用这一句话做了我10年的座右铭。它提醒我，完成比完美重要。生命的每一个当下的体验都有其意义。

后来，我读弗兰克尔的《活出生命的意义》，他认为，人们可以用三种不同的方式来发现生命之意义。

一、通过创立某项工作或从事某项事业；

二、通过体验某种事情或面对某个人；

三、在忍受不可避免的苦难时采取某种态度。

简单一点说，我们可以通过做一件事、爱一个人、吃一种苦来找到自己生命的意义。

再后来，我读坎贝尔，他认为，生命最重要的意义就是"活出生命深刻的体验"。

我在想，各种说法，殊途同归，总之就是让我们通过一些路径，去深刻地体验人生，并在这个过程中感受存在之意义。

我还听过关于"使命"特别简单的一种说法：使命其实就是你如何使你这条命，说得更简单点，你更愿意把你的时间花在哪儿？找到它，它就是使命。

判断使命的另一个标准是"利他"的维度。使命一定是利他的，利益社会的。使命的利他维度越高，成就的功德也就越大。在经历了前半生之后，我为自己找到了两个使命：儿童创新教育和女性终身教育。当我确定以此作为自己一生的使命的时候，我感受到了很大的喜悦和安定。过去所以为的那些苦，真的就没有觉得那么苦了，未来可能要经历的困难，也都变成了一种历程。

> 乔达摩现在体悟到，了解和爱心原是一体。没有了解就不可能有爱心。每个人的处境，都是他的肉体、精神和社会状况的结晶。我们明白了这一点，便连一个最残忍的人也不会憎恨。我们只会希望尽力帮助他改善他的肉体、精神和社会的状况。真正了解一切，会令我们产生慈悲和爱心，进而导致正确的行为。要去施爱，首先就要去了解明了。因此，了解明了就是解脱之道。要得到清楚明白的了解，我们就必须在生活中留心关注，在当下的每一刻去直接体验生命，以能洞察自身内外正在发生的一切。锻炼念念留心体察，可以使我们看到一切事物的核心而使其无所遁形。这就是念力的宝库——它能够领导我们达至解脱和彻悟。生命的燃亮有赖正确的见解、正确的思维、正确的语言、正确的行为、正确的工作、正确的精勤、正确的念头和正确的定力。悉达多称这些为正道。
>
> ——一行禅师《佛陀传》

追随内心的北极星，走上属于自己的英雄之旅，是坎贝尔教我们的方法。要历经辛苦、不放弃地去追寻，直到找到它、坚持它、成为它，是佛陀教导我们的方法。

走向使命的过程,就是从生命不可承受之轻走向生命不可承受之重的过程,就是明了自己需要承担的责任是什么,对谁承担这些责任。

这个探索过程,是既痛苦且快乐的。永远没有标准答案,因而每个阶段都有收获。

第三节　我们该怎样学习？

> 如果说，这个问题需要一个标准答案，我想说，那就是不要走到戴维酒吧，找到自己人生的第二曲线（第三曲线、第四曲线……），坚持不断地刻意练习，就像夏米的那朵金蔷薇。
>
> ——云上

不要走到人生的戴维酒吧

我曾经很喜欢弗兰克尔的《活出生命的意义》，我觉得那是一本很好的书，当然，我至今依然喜欢。这本书告诉我们一种生命的活法，就是去找寻生命的意义。

但是，后来看到坎贝尔说的"追寻你内心的北极星"，我会觉得，更浪漫更有诗意，更容易想象。对于女学生来说，这样的意象太美妙了。

可是，一个好的意象，我们该如何去实现它呢？我们该怎么做？我们需要注意什么？这些问题，直到我读查尔斯·汉迪的《第二曲线》，才找到答案。

查尔斯·汉迪是世界著名的管理哲学大师，他写过多部著作，我最喜欢的就是《第二曲线》这一本。我觉得，一个人可以用一个符号或一个图形来说明一个非常复杂的问题，这种能力真的太了不起了。

查尔斯·汉迪在这本书的开头，讲了一个戴维酒吧的故事，很打动我，也很深刻。

戴维酒吧的故事

当年，我驾车穿过威克洛山脉——都伯伦郊外的一片光秃秃但美丽的山丘时迷路了，碰巧看见一个正在遛狗的人，于是我停车请他指给我前往阿沃卡的路（我要去的目的地）。"当然，"他说，"这很容易。你沿着山路直接向上开。然后再往下开大约一英里左右，来到一条有座桥的小溪旁，小溪的另一边是戴维酒吧，你肯定不会错过的，因为它是亮红色的。这些你都记下了吗？""是的，"我答道，"往上直走，然后往下，一直到戴维酒吧。""非常好，在你离戴维酒吧还有半英里的时候，向右转往山上开，那就是去往阿沃卡的路。"

在我明白这怪异的爱尔兰式指路逻辑之前，我就已经谢过他并开车离开了。直到开始讨论第二曲线的挑战时，我才发现二者有着异曲同工之妙。"离戴维酒吧还有半英里向右转往山上开"，而向右转的那条通往目的地的路，人们往往会错过。我见过太多的组织，当然也包括个人，他们就像我当年要去阿沃卡一样，最后却发现自己停在了戴维酒吧，而发现时已经太晚了，因为他们已经错过了转向未来的路，只能懊悔地回首过去，借酒消愁，追忆往昔以及或许本该拥有的美好时光。

查尔斯·汉迪借用数学概念中的"S型曲线"来解释事物的发展，不仅包括生命、组织、企业，还包含政府、帝国、联盟等。他认为，任何事物在最开始的投入期，包括金钱、教育、人生等方面，当他的投入高于产出时，曲线向下；当产出比投入多时，曲线会持续向上，但到某个时刻，曲线将不可避免地达到巅峰并开始下降，这种下降通常可以被延迟，但不可逆转。

在查尔斯·汉迪看来，一切事物都逃不过"起始—向下—突破—上升—顶峰—衰亡"的S曲线。除非，这个时候出现第二曲线。但是，第二曲线有个关键点。

第二曲线必须在第一曲线到达巅峰之前开始增长，只有这样才能有足够的资源（金钱、时间和精力）承受在第二曲线投入期最初的下降。如果在第一曲线到达巅峰并已经掉头向下才开始第二曲线，那无论是在理论上还是在现实中就都行不通了，因为第二曲线无法增长得足够高，除非让它大幅扭转。

美国当代管理大师克莱顿·克里斯坦森在他轰动世界的著作《创新者的窘境》这本书里再一次提到了这个曲线。

克里斯坦森研究了美国计算机产业的发展历程，产生了一个深刻的洞见：在遇到破坏性技术变革和市场结构变化时，遭遇失败的领先企业数量非常多……所有失败案例都有一个共同点，那就是导致企业失败的决策，恰好是在领先企业被广泛誉为世界上最好的企业时做出的。

因此，我们发现，最高点就是失速点。当你到达"戴维酒吧"（最高点），你会发现，你已经错过了真正通往"阿沃卡"

（也许那才是人生的终点）的路。如果你没有在企业快速发展的时候开启第二曲线，那么你会快速到达第一曲线的顶峰，然后以不可逆转的态势急剧下跌，直至失败消亡。

柯达、摩托罗拉、诺基亚……下一个不知道是哪个巨头，这些企业发展的活生生的案例，证明了这个理论的有效性。

混沌学园的创办者李善友教授，也把第二曲线理论作为混沌学园三大奠基理论之一，提出了混沌学园的增长模型：用第一性原理，跨越非连续性，实现第二曲线式的增长。为此，他整合了12个创新模型，写作了同名《第二曲线》这本书。

"第一性原理"这个概念源于古希腊哲学家亚里士多德，他提出一个哲学观点，即每个系统中存在一个基本命题，它不能被删除或违背。

"第二曲线"这个理论和坎贝尔的"梯子架错了墙"有异曲同工之妙。在查尔斯·汉迪看来，如果一个人有效掌握了这种开启"第二曲线"的方法，他就可以不断地开启第三曲线、第四曲线，从而获得不断增长，延迟自己的衰退期。

查尔斯·汉迪不仅是个管理学大师，他更是个社会哲学家，所以，《第二曲线》这本书是他对社会的提问。他相信知识社会的来临将对个人与组织乃至社会的运作带来巨大的变化与机会。他思考的是，面临这样的变革，从公司组织、企业管理、市场变化到个人职业发展、社会人际关系、未来教育与社会价值，究竟会发生哪些变化，以及如何应对。他已经80多岁了，他觉得他写下这本书，是为了自己的孙辈而发出疑问以及思考，他希望他的书会对他们找到答案有帮助。虽然他声称自己并没有能力回答这些问题，但是，"第二曲线"似乎就是他给我们留下的启发。

> 最后，一切都归结到一个永恒的问题："这一切都是为了什么？"为什么我们如此努力、热切地想改善我们的命运、改善社会的命运？改善究竟意味着什么？或者怎样才算是成功地做到了？……我们最好从甘地开始，这位老人当然是对的，他说，我们想改变世界要先改变自己。坐而论道一个更好的社会是容易的，但要让它实现就必须从我们开始，从我们视为自己的生命曲线的序列开始。我们准备做什么？或者为了达到这个目的准备做什么贡献？总而言之，我们与自己的契约是什么？
>
> ——〔英〕查尔斯·汉迪《第二曲线》

最后，可以问自己几个问题：你的第一曲线到达哪里了？你的第二曲线又是什么呢？如果你找到了自己的第二曲线，后面的路，你该怎么走？

金蔷薇

第一次听到这个故事，是大学一年级的现代文学课上。老师向我们学习中文写作的同学推荐了这本苏联作家康斯坦丁·格奥尔吉耶维奇·帕乌斯托夫斯基的《金蔷薇》。这是一本作家总结他个人创作经验的书，同时也研究了俄罗斯和世界许多大作家的创作活动。

《珍贵的尘土》是这本书的第一篇，讲了一位清洁工人和小女孩的故事。

清洁工人让·夏米原来是一个士兵,他在带团长的女儿苏珊娜从墨西哥返回法国的路上,给小女孩讲了一个金蔷薇的故事。

他的家乡有个年老的渔妇,在她家里那座代表耶稣受刑的十字架上,挂着一朵用金子打成的、做工粗糙的、已经发黑了的蔷薇花。全村的人都很奇怪,这个老妇人过得很贫穷,却一直不把这朵金蔷薇卖掉换钱。只有夏米的母亲坚持说:"像这样的金蔷薇世上是少有的,谁家有金蔷薇,谁家就有福气。不光这家子人有福气,连用手碰到过这朵蔷薇的人,也都能沾光。"老渔妇孤独地生活了很多年以后,她的画家儿子终于回来了,她过上了富裕又幸福的生活。

小女孩苏珊娜问夏米:"让,会有人送我一朵金蔷薇吗?"

"世上什么事都有可能发生,"夏米回答说,"说不定也会有个傻小子来找你的。"

回到法国后,苏珊娜离开了夏米。多年来,这个士兵都很想念这个小女孩。直到有一天,他偶遇因为失恋而在桥边漫步的苏珊娜,苏珊娜希望这个世界上要是有人可以送她一朵金蔷薇就好了。

善良的夏米记住了她的愿望,从此以后,他每天都去金作坊里收集尘土,因为他知道,当把厚厚的尘土扬弃之后,会得到极少量的一点点金粉。

就这样,他花了很长的时间收集金粉,铸成了金蔷薇,想要送给苏珊娜,祝她幸福。可惜,当蔷薇花终于打成的时候,苏珊娜早已离开法国去了美国。

悲伤的夏米静悄悄地死去了,没有人在意他的死亡,除了那个打造金蔷薇的老工匠。他在夏米死后,拿走了他的金蔷薇,把它卖给了一个上了年纪的文学家。

这位文学家之所以买下金蔷薇,完全是因为听工匠讲了这朵金蔷薇的由来。

多亏这位老文学家的札记,人们才得以知道前二十七殖民军团列兵让·欧内斯特·夏米生活中的这段凄婉的遭遇。

老文学家在他的札记中深有感触地写道:"每一分钟,每一个在无意中说出来的字眼,每一个无心的流盼,每一个深刻的或者戏谑的想法,人的心脏的每一次觉察不到的搏动,一如杨树的飞絮或者夜间映在水洼中的星光——无不都是一粒粒金粉。"

"我们,文学家们,以数十年的时间筛取着数以百万计的这种微尘,不知不觉地把它们聚集拢来,熔成合金,然后将其锻造成我们的'金蔷薇'——中篇小说、长篇小说或者长诗。"

"夏米的金蔷薇!我认为这朵蔷薇在某种程度上是我们创作活动的榜样。奇怪的是,没有一个人花过力气去探究那会从这些珍贵的尘土中产生出生气勃勃的文字的洪流。"

这个故事支持了我很多年。每当我阅读书籍,看到那些闪光的思想，如同一粒粒金粉在思想的长河中闪闪发光的时候，我就会想起这个故事。

追寻北极星的路是很艰难的，有时候，我们并不能马上找到那条路。甚至，我们还有可能错过拐弯的岔口，而去了戴维酒吧。但是，我们并不能因此放弃追寻。

我们一直要葆有追寻北极星的勇气、信念以及行动。这就是善与美的"种子"，是每一点一滴珍贵的尘土，岁月经年，我们每一个人最终会为自己，打造一朵属于自己的幸运的"金蔷薇"。

"英雄之旅"里有一个重要的步骤：每个人要找到自己的守护者。有哪一个守护者，比我们自己更合适呢？我们自己就是自己的守护者，谁都无法替代。成长为自己的守护者，这是我们最强大的信念。

成长秘籍：早起、读书、画"冰山"……

从 2016 年 6 月开始，我就断断续续地给妈妈们上成长课，看到很多身为人母的女性一路走来的挣扎和变化。

2020 年，线下课中断了一段时间，我开始采用直播的方式和学员链接，没想到有意外的收获。除了头一两次直播，有点不知道眼睛看哪里之外，后来的直播都让我感觉回到大学的课堂，每周定期上课。

再后来，我们又恢复了线下课。大家纷纷告诉我，这种线上和线下结合上课的方式，给她们带来了好处。线上是知识的学习，可以反复听。线下是体验，直击内心。两者结合以后，改变真的就发生了。

2020年上课还有一个更为奇妙的收获，因为多次分享自己从2013年以后，每天早上5点左右起床，所获得的个人阅读时间，越来越多的同学开始早起，她们在群里打卡，互相激励。最开始的时候，我在想，好吧，你们就是三分钟热度，可是，在同学们互相激励下，她们已经坚持了几个月，让我很是敬佩。

她们还自发组织读书会，去阅读我推荐的书，每两周见一次面，分享自己读书的收获。我们知道，成年人学习，并且坚持学习是很难的事，因为有很多外在阻碍。但她们还在一直坚持，我很惊讶，不知道推动她们的力量是什么，也许真的是改变的力量吧。

也许是经历了2020年不寻常的开年，大家想要学习和改变的动力变得更强了，似乎大家都意识到了危机。现有的能力无法解决现在的问题，更无法预测未来。似乎只有学习，能够让人的心安定下来。

她们还坚持画"冰山"。冰山，最初来自弗洛伊德的隐喻——我们所看到的现象，不过是人类心灵的冰山一角。后来被萨提亚女士创造性地升级为一种心理治疗的工具。

在学习萨提亚的过程中，我发现画"冰山"是一个很好的可以做自我练习和自我发现的工具，我就把这个工具教给了学员们。让我欣慰的是，很多学员一直坚持用这个方法做自我的发现和练习。

当然，随着练习的逐渐展开，后来我们又发现了很多各种各样的小练习，都可以帮助我们提升自我的能量，穿越迷茫，走向觉醒。我将在本书中逐一向大家推介这些行之有效的小方法。

看到学员们这样努力，真的很感动，也很欣慰。内心有一种极大的安定，是的，我们做到了。

多年以前，我感慨于当代城市儿童机械化的教育模式，希望自己能够为孩子做点什么，于是走上儿童创新教育之路，创办了花学园幼儿教育、云开学校（小学＋中学）、云初营地学校。一晃快十年过去了。回头望望来时路，不敢想象，如果再有一次人生，也不见得敢重走一遍，因为，想要做成这件事，所需要的条件太多了，以至于现在回头想想，能够幸存下来，全是运气，或者说是，善念的护持。

在从事儿童教育的过程中，我渐渐发现，儿童教育的根本性问题其实是在家长身上；其中，母亲的焦虑和无所适从，是最大的问题。年轻的时候，我是研究性别理论的，因而，我很想为女性做一点事。于是我就从课程做起，做成长课程，后来又做了成长学院。这条路也很艰难，一点都不比儿童教育容易。

起起落落的，很多次想放弃，四五年过去了，也终于没有放弃，一直在坚持。直到 2020 年，我明白，我又有了一个新的人生使命：女性终身教育。

早在做花学园的时候，我就给父母的成长教育取了个名字——树学苑。花学园、树学苑，是两个相辅相成的名字。花学园的取名，一是向日本小林宗作先生的"巴学园"致敬，感谢他的指引，改变了我的人生方向，让我从一个大学老师，义无反顾地奔向了儿童教育。树学苑的取名，则是因为一句话：女人生了孩子，花就成了树。

如果说花是爱，那么树就是责任。父母子女一场，就是"爱与责任、共同成长"的路。只有勇敢地承担起责任，我们才能成为一棵常青树。

当我看到这个议题的时候，我仿佛真正看见了我内心的北极星，这是我想做一辈子的事情，想到要为此付出的岁月，虽然也会感慨辛苦心酸，但是，又觉得有一种极乐在。如果我能够做成这件事，这一生的意义真的是太美好了。

想起甘地的话：成为你想要看到的改变。

是的，这样的善良又勇敢、温柔又有力量、带得好孩子又做得好自己的女性，是我想要在这个世界上看到的美好与改变。为了看到这样的改变，我就先去成为她，并把自己的路，一点一点告诉给大家。这也是佛陀教我的路，用"亲证有效"的方式。

每一个人都可以改变。成为你最想看到的改变。无论你热爱什么，不要等待，参与到它的创造中去。去爱，去改变，去创造，去成为自己想要成为的那个人，去创造自己想要看到的那个世界。

第二章　我是谁？我们如何定义自己

第一节 什么是自我？

关于"自我"这个概念，很多心理学家都进行过非常详细且丰富的解释，可是，解释越丰富，我们最终理解起来似乎就越迷茫。

在看过很多关于"自我"这个概念的定义之后，我选择三种解释来分享。

一、史蒂文·C. 海斯教授关于"自我"的定义

美国史蒂文·C. 海斯教授是 ACT（承诺接纳疗法）的开创者，在他的著作《跳出头脑，融入生活》中，他认为，人有三个自我：

1. 概念化的自我

这个自我是我们最常用也是最危险的。比如，别人问你，你是谁？你会说：我是一个妈妈，我是一个老师……每当我们说出这个"我"的时候，就是在给自己定义一个范围。一旦我们给了自己一个固定的定义，我们就很难走出这个定义，这个定义好的"自我"就会牢牢地限制住我们自己，使我们不能全

然地活出流动的自己。

举个例子，我原来是个大学老师，我给自己的概念化的自我定义，就是个大学老师。后来因为孩子出生，我开始关注儿童教育，转型去做儿童教育。最开始的时候，我只是做了一个家庭式幼儿园，因为我的教育理念在我所在的城市，是个全新的事物，很少有人能够接受它。所以，这个家庭园的孩子特别少。最开始只有两个，后来慢慢多起来。

刚开始做家庭园的时候，有人叫我"园长"，我能感受到一种全身上下的不适应，因为我还活在"大学老师"的概念设定里。我没有办法全然接受一个新的自我概念——幼儿园园长。因为对于"幼儿园园长"这个概念，我有过去的定义，所以，我会觉得，我不是。于是我就在两种"概念化自我"的定义里冲突了，冲突了很多年。

又过了几年，我开始办小学教育，于是有人开始叫我"校长"，我也不适应。因为我是创业者，所以，有时候在一些场合，也有人叫我"林总"，我更是感觉如坐针毡。所以，有挺长的一段时间，我都是在"概念化自我"不断限制的过程中自我冲突、自我挣扎。唯一让我感受到比较舒适的"概念化自我"是"云上老师"。

所以，我们可以看到，一个清晰的概念化自我会给我们安全感，但同样也会限制我们。

2. 自我意识不断发展的自我

这个自我就是"我正在做什么"那个当下的自我。这个自我的出现，可以让我们把提问句从"你是谁？"转化为"你正在做什么？"

还是举我自己的例子，当我在"我是谁"这个问题里感到迷失和冲突的时候，我非常迷茫，甚至焦虑。可是当我转向提问"你正在做什么？"我收获了平静。因为我可以回答："我在做儿童教育，我在做新教育的尝试，我很努力地学习新事物，我一直在进步……"当我们意识到我们的"自我"是不断发展和进步的时候，我们的内在就笃定了。

3. 观察性自我

这种自我是最容易被我们忽视的。这是一个超验的我，我是我自己的观察者，如果我们能够意识到这个观察者自我的存在，我们就能够看到自己的情绪、想法和痛苦。经由这种方式，我们才能够学会真正做自己。

什么是真正做自己？做自己，就是做我们能做到的自己，而不是去追求我们做不到的自己。如果我们活在概念化自我里，我们就是在努力去追求一个做不到的自己，从而活在一种对自己的很深的不接纳里。

看到一个观察者自我的存在，就像在自我的上方装了一个摄像头，看见了那个自己，看见那个一边在努力生活，一边又不断评判的自己。然后，放下对自己的评判，全然地接纳每一个当下的自我。这样我们才能找到真正的解脱之道。

二、肯·威尔伯关于"自我的界线"

肯·威尔伯可以算是心理学、哲学、宗教学等方面的集大成者,他关于意识层次的论述,将不同学科和不同流派的学者的研究进行了一个大整理和大排列。其研究气度,让人惊叹。

他指出,我们在说"我是谁"的时候,就是在那里为自己划下界线。

> 当你说"我自己"时,你就在"什么是我"和"什么不是我"之间划了一道界线。当你回答"我是谁?"这个问题时,你仅仅描述了什么在界线里面。当你不能确定在哪里划下这条界线时,所谓的"自我认同危机"就出现了。简而言之,"我是谁?"意味着"我在哪里划下界线"。
>
> ——〔美〕肯·威尔伯《没有疆界》

我是中国人。你在国家这里划下了界线。

我是一名教师。你在职业这里划下了界线。

我是一个母亲。你在生育与未生育这里划下了界线。

我是一个女生。你在性别这里划下了界线。

我是一个失败的人。你在成就这里划下了界线。

我是一个好人。你在道德这里划下了界线。

我是一个佛教徒。你在信仰这里划下了界线。

……

这是你吗?是部分的你还是全部的你?是你的一个角色,还是你的身份?

不同的领域都试图回答这些问题,哲学的、社会学的、心理学的,而相同的领域中还有不同的流派,他们也都试图去划下一个界线。一个人往往要接受过两个或两个以上的领域及流派的学习,才能够感受到他们之间的说法大相径庭。

因而,在这里,我只能不断地为自己划下界线。

我在探讨女性的自我,意味着我在性别这里划下界线。

某种程度上,更像是城市女性或受过高等教育的女性。这意味着,我在教育程度和社会角色上划下界线。

更加微观一点,我甚至只是在谈一个成为母亲的女性。

界线越多,世界变得越窄。但,我也不得不面对这样的遗憾,因为我对这个世界知道得太少。

肯·威尔伯认为,人的痛苦在于只接受一半。

人类痛苦的来源在于,他只接受自己的一部分。也就是说,只接受自己认为好的那个部分,而不是全部。

当代的很多父母,会希望自己的孩子去学习情绪管理,为什么?因为他们只愿意接受孩子正面的情绪,而不愿意接受孩子负面的情绪。当孩子有负面情绪的时候,他们无法理解,不知道负面的情绪是一股需要宣泄的能量,是一股很正常的能量。他们宁可相信是他的孩子情绪管理不好,而不愿意相信,有负面情绪和好孩子是并不矛盾的。

我们常常这样想:如果能够去掉对立面中不好的或者不想要的那一面,我们的生活就会变得更加快乐。也就是说,如果我们消除了痛苦、邪恶、死亡、折磨、疾病等,那么,善、生命、快乐和健康就会涌现,生活就会变得美好、健康、愉快。这正是许多人的天堂观念。他们的天堂只是由对立面中正面的那一半特质构成的,而不是所有对立的超越。而地狱则是由负面的那一半特质,例如痛苦、折磨、烦恼、焦虑、疾病等构成的。

——〔美〕肯·威尔伯

我们是否曾经追求到只有正面的这个世界?不,人类从未实现过这样的梦想。问题与烦恼,是成就与幸福的另一面。你想追求的目标有多么远大,你的问题就有多么复杂。愿有多大,路有多长。你对幸福的渴望有多深,你的烦恼就有多复杂。人生就是在问题重重中行愿,在烦恼深深中求幸福。

渴望进步,就是对当下的现状不满;渴望幸福,就是对当下的拥有不满足。

我父亲的故事

我的父亲跟我说,他年轻的时候很穷,和我妈妈结婚的时候,家徒四壁,只有一张桌子、三把凳子的家当。那个时候他想,如果他赚到了5000元钱,他就不干了。后来,他生了我,又生了妹妹和弟弟,在弟弟出生的那一年,他赚到了5000元钱。可是他发现,那时的生活就这5000元是远远不够的。于是他就想,如果他有能力翻修爷爷给他留下的老房子就好了。于是他又努力工作,抚养三个孩子,并在我上初中的时候,翻修了老房子。

后来,他又想,等我上大学就好了。后来我上了大学,他又想,等弟弟也上了大学就好了。弟弟也上了大学,他又想,等我们结婚了就好了……

等到我们结了婚、生了孩子,他觉得,他的使命似乎走到了一个位置,剩下的人生,变成是看看孙女和外孙女的人生了。

我问他:这个过程,你觉得幸福吗?

他说:这个过程很辛苦,一直盼一直熬,终于等到你们都出人头地了,才觉得生活是真的有盼头了。

我又问他:这一生,你有什么遗憾吗?

他说:孩子倒是都培养得不错,就是自己没有什么成就,比不得同学们。

我说:那你的同学们呢?

他说:他们自己发展得不错,孩子不咋的,还挺羡慕我的。

似乎,遗憾才是人生,有 A 就没有 B,有 B 就会损失 A,这是我们不快乐的原因吗?原来,我们那么不容易快乐,是因为我们给自己定下了一个又一个目标,却永远没有知足的时候。难怪古人喜欢把"知足常乐"四个字挂在家里,因为,只有时时知足,时时觉得幸福就是此刻,就是每一个当下,才能常乐。否则,这一生便是烦恼的一生,不得解脱。

三、艾克哈特·托尔:"小我"的内容与结构

德国作家艾克哈特·托尔在《新世界:灵性的觉醒》一书中区分了人的"本质我"和"小我"。

在艾克哈特·托尔看来,"本质我"是无限深度的,也就是

我们说的本自具足的。而"小我"才是造成不满足的根源。

他认为，在日常生活中，我们对"你是谁？"有一个最原始的误解，也就是说，把一种虚幻的认同感——"小我"，等同于"我"的全部，从而带来各种各样的痛苦。只要我们能够辨识出幻相，它就瓦解了。

"小我"的内容

艾克哈特·托尔认为，我们最初作为生命来到世界上，是没有关于"我"这个概念的，小孩子会学到一连串从父母嘴里发出的声音代表他的名字，这个孩子会把这个名字（在心智里就是一个思想）等同于他自己。在这个阶段，有些孩子甚至是用第三人称来称呼自己，比如"强尼饿了"。但是，他们很快能学会，用"我"来指代这个称呼。然后，他的思想就会来到，他就会开始和"我－思想"合并。

慢慢地，这种"我"和"我的思想"会开始逐渐同和一些事情，把它标记成"我"的一部分。最开始"我"会认同一个物件，逐渐地认同一些思想，我们在不断地和世界（物品和人）认同的过程中，投注自我感，以形成强烈的身份认同。

在研究儿童心理学时，我们了解到，儿童在6岁以前，有一段时间是物权敏感期，特别喜欢说"这是我的"，如果有人拿走了"我的"东西，"我"就会感觉到强烈的痛苦。随后，他又会进入"我的"思想的敏感期，表现出强烈的逆反，也就是不愿意遵从成年人的指令。

这都是儿童建构自我感的过程。

所以随着孩子的成长,最初的"我—思想"会吸引其他的思想过来。它会与性别、所拥有的东西、感官觉受的身体、国籍、种族、宗教、职业等产生认同。其他"我"会认同的东西还有角色(母亲、父亲、丈夫、妻子等),累积的知识或意见,喜好和厌恶,过去发生在"我"身上的事,还有关于一些想法的记忆,而那些想法能让我进一步定义我的自我感而成为"我和我的故事"(me and my story)。这些只是让人们汲取身份认同感的事物当中的一部分而已。它们最终都只不过是被事实随意绑定的一些思想,而那个事实就是,它们全都被我们投注了自我感在里面。你平常说到"我"的时候,你所指的就是这个心理结构。更精确地说,大部分的时间当你说或是想到"我"的时候,其实不是你在说话,而是那个心理结构的某个面向在说话,也就是那个小我的层面。一旦你觉醒了,你还是会用"我"这个字,但是它会从你内在的更深处出现。

——〔德〕艾克哈特·托尔

"本质我"无法通过思考理解它,只能用感受去感知它。"小我"却是由思想组成的。每当我们在思考,无论你是随意的漫想还是无意识地让思想自由流动,抑或是自以为是的深度思考,都是陷在小我的制约里。

小我的心智完全被过去制约,这种制约有两个面向——内容和结构。而一个人认同的内容是被他的环境、教养和周边文化所制约的。

举个例子，当我们被询问：你是哪里人？当你回答我是上海人、北京人，或者哪个不知名城市乡下的小县城的时候，我们就是在和我们的出生环境取得认同。这种认同既确认了我们存在的一部分，同时也制约了我们。因为这个出生环境背后伴随着我们对此的一系列判断和思想。它绝不是一个单纯的地名。它代表了无数的概念和集体无意识。

小我赖以生存的基本心智结构就是"认同"，当我们认同某个事物、某个身份的时候，我们就使那个事物、那个身份成为我们的"自我"。

"小我"的结构

小我最常见的一种结构是"我是对的，你是错的"。

没有什么比认为"我是对的"更能强化小我了。"我是对的"是小我的思想，在这个思想结构里，自我认同于一种心态、一个观点、一个意见、一个故事或者一个评断。我们如何能够强化"我是对的"？要么找到和自己有相同心态、观点的人，达成同盟，要么就是让他人变成错的。你越能证明别人是错的，就越能强化"我是对的"这个小我。

所以，人在指责他人的时候，常常会觉得很有力量，其实是因为，当我们指责和抱怨他人的时候，我们认同于他人是错的，而我是对的。这是大部分冲突的来源。

要想超越这个小我，我们必须意识到，在所有的冲突中，没有对错，只有不同。陷入对错之争，就是进入小我的界面。而意识到不同，会让我们更容易观察到自己与他人的本质。

小我还有一个常见的结构是"我不够好"。

现代社会，无数人迷失于物质欲望，总是会忍不住地买买买，想拥有更大的房子、更好的车子、更多的金钱、更高的地位……这都是因为小我认同了，只有拥有这些，我们才是好的、更好的。

小我对事物的认同，创造了我们对事物的执着、迷恋，使得我们对于物质世界的生存追求只剩下"更多"两个字。而小我对身份的认同，功成名就，名利权情……无一不是苦的，却没有一个能够让人得到真正的满足。

一个人对他拥有的东西感到骄傲，或是对其他比你拥有更多的人感到不满，就是错误的吗？一点也不是。骄傲感，或是想要出类拔萃的需求，以及因为"比人家多"而加强了自我感或是"比人家少"而缩减了自我感，这都不是对和错的问题，它就是小我罢了。小我并不是错的，它只是无意识而已。当你观察到你内在的小我时，你已经开始要超越它了。不要太认真地看待小我。当你侦察到自己内在的小我行为时，请微笑。有时候你甚至会大笑出来。人类怎么可能被它欺骗了如此之久？最重要的是，要知道小我是无关乎个人的。它也不代表你是谁。如果你认为小我是你个人的问题的话，那不过是更多的小我罢了。

——〔德〕艾克哈特·托尔《新世界：灵性的觉醒》

第二节　第二性：女性的自我认同

> 女人不是天生的，而是后天形成的。
>
> ——〔法〕西蒙娜·德·波伏娃《第二性》

作为上个世纪女性主义的代表人物，西蒙娜·波伏娃和存在主义哲学家萨特的不婚爱情可能比她的著作更有名。这是一本改变她自己个人命运，同样也改变女性命运的一本书。

1949 年 6 月，伽利玛出版社出版了《第二性》第一卷，22000 册书在一个星期内被抢购一空。10 月，第二卷出版了，仍然非常畅销，人们争相购买。波伏娃的这部作品引起了无数的议论。

《第二性》的出版让波伏娃成了所有想要改变女性命运的女人的化身。这本书被教廷列为禁书。但是 20 世纪 50 年代的政治文化，对女性的禁锢已经宽容多了，她没有被当成巫婆烧死在柴堆上。要知道她的前辈，奥兰普·德·古热在 1789 年建议发表和（男）人权宣言相对应的女性宣言后，被送上断头台处决了。

这本书遭遇了当时舆论无比激烈的反对，当然也为波伏娃带来了巨大的声名。时间证明了这本书的价值，它被认为是世界妇女解放运动的基石。在后来美国妇女运动产生巨大影响并在法国引发女权意识后，人们才真正认识到《第二性》这部作品的影响力。在国外，大部分的女权主义作家都把这本书奉为"圣经"。1953年，《第二性》英文版出版，售出两百万册。之后它被译成几十种语言，西蒙娜·德·波伏娃成了在世界上拥有最多读者的女权主义作家。在这本书中，她不仅提出了妇女解放的问题，还提出了所有与文化压迫有关的问题。她质疑法律、宗教、习俗、传统，她用自己审慎的思考和尖锐的语言，要求重新考虑所有的社会结构。

《第二性》之所以受到来自舆论的猛烈抨击，是因为它真的令人畏惧。从来没有人，这样尖锐又直接地指出性别的真相，以至于即便我们今天阅读它，依然感到振聋发聩。我至今记得阅读这部作品的感受，那是在我读博士期间，研究性别理论的时候。我在想，如果没有人向我们这么深刻地指出社会对女性的塑造，我们是否依然还是像柏拉图说的那个洞穴中的人呢？

这本书，不仅是这本书，其后的一系列的女性主义著作改变了我的人生，最重要的是重塑了我的大脑神经，使我再也无法接受别人给我的关于女性命运的解释。可以说，自此以后，我成了一个女性主义者，以至于当我要完成我的博士毕业论文的时候，我选择了研究性别文学和性别批评，写下了人生的第一本书——《第二性的权力话语》。

《第二性》这本书，我自己至今回看，也会觉得有些晦涩难读。回想自己在一个二十多岁的年华，在图书馆和宿舍里阅读了几百上千本相关著作，觉得过去的岁月值得致敬。那时候，我对女性的命运充满了愤怒和感慨，总觉得心中有一股火气需要抒发。现在想来，那时的自己有点幼稚，却又有难得的清纯和简单的刚强，颇有一点寺庙里怒目金刚的味道。真是令人珍惜的岁月。

异化：女性是被塑造的

毫无疑问，缺乏阴茎在小女孩的命运中起着重要的作用，即便她没有认真地嫉羡它。男孩从阴茎中获得的巨大特权是，由于拥有一个能看得见和握得住的器官，他至少可以部分地与之保持距离。他身体的秘密，它的威胁，他都投到身外，这允许他与它们保持距离。当然，他感到自身的危险是在他的阴茎中，他害怕严格，但这种恐惧较之小姑娘对"体内"感到的弥漫的恐惧更容易克服，后者的恐惧往往延续女人的整个一生。她极其担忧在自己体内发生的一切，从一开始，她就觉得自己比男性更不透明，更深地受到生命的朦胧的神秘所包围。由于小男孩有一个可以认出自己的他我，可以大胆地承受他的主体性；与之相异的客体本身，变成一个自主、超越性和力量的象征：他衡量自己的阴茎有多长；他和自己的同伴比赛小便能射多远；后来，勃起和射精是满足和挑战的源泉。小姑娘却不能体现在自己身体的任何一部分中。作为补偿，人们把一个外在的东西——布娃娃——放在她手中，让它在她身边完成他我的作用。

……重大的差别在于，一方面，布娃娃代表整个身体，另一方面，它又是被动的东西。小姑娘由此受到鼓舞，异化为它，把它看做惰性的既定。而男孩子把阴茎当作自主的客体来寻找自我，小姑娘喜爱她的布娃娃，打扮它，就像她梦想自己被打扮和被喜爱那样；反过来，她把自己看做一个美妙的布娃娃。通过恭维与责备，通过形象与词句，她发现"美"与"丑"这两个词的含义；她很快知道，要令人喜欢，就必须"漂亮地像一幅画"；她竭力要像一幅画，她化妆打扮，她照镜子，她要与公主和仙女媲美。

——〔法〕西蒙娜·德·波伏娃

H男孩的故事

H男孩从小生活在女生堆里，他的父亲在外地工作，主要由他的母亲和外婆照顾他，外公充当了他生活中最重要的男性角色。后来他上学了，班上也以女生为主。有一段时间，大概长达一年半，H最喜欢的颜色是粉色。他喜欢粉色的玩具、粉色的衣服，无论是内衣还是外衣，他都选择粉色。他还喜欢娃娃。这些事都让他的母亲忧心忡忡，询问孩子的性别倾向是否有问题，该怎么办，需要纠正吗？我告诉他，粉色在他心目中一定是很好的颜色，因为他的同学（女孩子们）都喜欢粉色。这里的粉色是没有性别的，只不过是一种单纯的喜好，与性别认同无关。果然，5岁以后，当他在各种场合意识到性别色彩的时候，他果断地抛弃了粉色，不再喜欢和女孩子一起玩，而开始玩起男孩子喜欢的枪和汽车。

V 女士的故事

V 女士告诉我，在她的原生家庭中，父母一直希望她是个男孩，从小就把她当作男孩来养，以致于她也觉得自己和男人没有什么差别。即使后来长大成人，结婚生子，她也不喜欢那些女孩喜欢的东西，对裙子不感兴趣，对珠宝首饰也觉得是莫名其妙的东西。她怀疑自己是否还有女性特质。最有意思的是，每次她做内在小孩练习的时候，看到的都是一个小男孩，一个在奔跑的小男孩。

后来，在多次练习之后，她逐渐开始接受并展现自己想象的女性气质，某种柔美的可能性。因为内在的转变，她原本刚硬的面部线条也变得温和娇柔起来。

性别认同竟然是被塑造的。这样，我们就理解了，波伏娃为什么会发出"女性不是天生的，而是后天形成的"这样的呐喊。事实是，不仅女性不是天生的，男性也不是。我们的性别意识都是后天形成的。区别在于，在这个后天形成的过程中，男性具有天然的优越性，成为了第一性别，而女性则被迫沦为第二性。最有意思的是，自从女性失去描述自己的话语权，也许从母系社会解体开始，她就不再拥有自己的历史。

男性崇拜

孩子越成熟，其世界越扩展，男性的优势更确立。与母亲等同往往不再是一个满意的解决办法；如果女孩已开始接受女性的使命,并非她想放弃,正相反,这是为了支配;她想当主妇,因为她觉得主妇圈子有特权;但如果她的交游、她的学习、她的游戏、她的阅读,把她拉出母亲的圈子,她就会明白,世界的主宰不是女人,而是男人。这一发现——远远超过发现阴茎——不可抗拒地改变了她对自我的意识。

两性的等级首先出现在家庭的体验中;她逐渐明白,即使父亲的权威不是在日常生活中最明显地感觉到的,它也是至高无上的……通常他在外工作,正是通过他,这个家跟世界其他地方沟通:他是这个充满冒险的、广袤的、困难重重的、美妙的世界的化身;他是超越,他是天主。女孩正是在把她举起的有力臂膀中,在她紧紧依偎的有力身体中,感受到这一点。通过他,母亲被废黜了,如同伊希斯被"拉"这位神祇、大地被太阳所废黜一样。但是,这时孩子的处境深刻地改变了:她被指定有朝一日成为像她万能的母亲一样的女人——她永远不会是至高无上的父亲;把她与母亲联结在一起的纽带,是一种积极的好胜心——她从父亲那里只能被动地期待评价。男孩通过竞争的感觉去把握父亲的优越地位,而女孩带着无能为力的赞赏态度去忍受这种优越地位。我已经说过,弗洛伊德所谓的"恋父情结",并非像他所说的是一种性欲,这是主体同意在顺从和赞赏中成为客体的深度退让。如果父亲对自己的女儿表现出温柔,她会感到自己的生存得到了极好的辩护;她拥有其他女孩难以获得的种种优异品质;她感到心满意足，被奉若神明。她可能整个一生都带着怀念去追寻这种充实与宁静。倘若她得不到这种爱，就可能永远感到自己是有罪的，该受惩罚；要么她可能到别处寻找对自身的评价，对父亲变得冷漠，甚至敌视。再说，父亲不是唯一掌握着世界钥匙的人：一切男人都分享男性的威望；不必把他们看做父亲的"替身"。祖父辈、兄长、叔叔舅舅、同样的父亲、家庭的男性朋友、老师、教士、医生，都强烈地吸引着小姑娘。成年女性对男人表现出来的热烈敬意，足以把男人捧到很高的位置。

在小女孩看来，一切都有助于证实这种等级观念。她的历史和文学知识、歌曲、别人催她入睡的传说，都是对男人的赞美。正是男人创造了希腊、罗马帝国、法兰西和所有的国家，正是男人发现了大地，发明了用来开发土地的工具，正是男人治理这个世界，使世界充满塑像、绘画、书籍。儿童文学、神话、故事、报导，反映了男人的骄傲和愿望创造出来的神话：小女孩正是通过男人的眼睛，探索世界和从中辨别自己的命运。

——〔法〕西蒙娜·德·波伏娃《第二性》

可能我听过的最自以为是的当代男性崇拜的一句话是我的一位博士同学说的，时至今日，我依然记得他透过那厚厚的眼镜片，以一副世界唯我独尊的表情说的一句话：是男人，就是帅。

好吧，如果忽略他的单眼皮、小眼睛、塌鼻梁、一般的身高……我从他的灵魂里也无法看到这种自信的落脚点。然而，这并不妨碍他觉得，只要是个男人，就是了不起的。

如果把他置放在他生长的文化中去理解，我们就会深刻地明白这种自以为是的来源。他生长于福建的闽南地区，这里有拼搏自负的男性文化，又有隐忍付出的女性文化。男人的主要任务，便是一定的劳作和大把时间坐在家里的客厅茶桌旁泡茶。而女性几乎包揽了所有的活，地里的活、家里的活、养孩子的活、厨房里的活。男人在饭桌上吹牛抽烟喝酒吃菜，女人们只能在厨房里做饭吃饭，不能和男性同餐共食。当这位同学在我的面前吹嘘他们闽南男人在家里的地位时，说：我的父亲，这辈子也没为我的母亲做过一顿饭。

我偶有机会见过一次他的家人，暴君一样的父亲，俯首贴耳的母亲，还有一个为了弟弟们读书、吃苦耐劳的姐姐。这样的结构，在闽南文化里，遍地开花，习以为常。女人这一生的使命，便是要生到一个儿子，并把自己的一生奉献给他。

在这样的文化里，男人自然是自以为是的。这既有男性对自己的崇拜，也有女性的共谋。

女性的共谋

压在女人身上的一重诅咒是——米什莱正确地指出过——她在童年时便落在女人手里。男孩起先也是由他的母亲抚养的；但她尊重他的男性特点，他很快便摆脱了她；而她却要使女儿融入女性世界。

对于母亲来说，女儿既是她的分身，又是另一个人，母亲既极其疼爱她，又与之敌对；母亲把自己的命运强加给孩子：这是一种骄傲地承认女性身份的方式，也是一种报复女性的方式。可以在鸡奸者、赌徒、吸毒者、一切自诩属于某个团体同时又以此为耻的人身上，看到同样的过程：他们以传布信仰的热忱，竭力争取信徒。因此，当一个女孩被托付给女人时，女人会以狂妄与怨恨相交织的热情，努力把她改变成一个像她们一样的女人。甚至一个真诚地为孩子谋取幸福的宽容女人，一般也会想，把她变成一个"真正的女人"是更为谨慎的，因为这样社会更容易接受她。因此，人们让别的小姑娘和她做朋友，把她托付给女教师，她像古希腊古罗马时代的闺房里，生活在年长的女人中间，人们为她选择书籍和游戏，让她走上她的命运之路。人们要求她拥有女性的美德，教会她烹饪、缝纫、做家务，同时学会打扮，施展魅力，懂廉耻；人们给她梳理复杂的发式，强加给她举止规范：站立笔直，走路不要像鸭子；为了显得妩媚，她必须约束住随意的动作；人们不许她做出假小子的举动，不许她做激烈的运动，不许她打架；总之，人们促使她像她的女性长辈那样变成一个女仆和一个木偶。今日，由于女性主义的胜利，鼓励她学习、投身于运动，变得越来越正常了；但是，比起男孩，她在运动中没有取得成功，人们会更加容易原谅她；而人们要求她去完成一项事业，使成功更加困难：人们希望她至少也是一个女人，希望她不要失去她的女性特点。

——〔法〕西蒙娜·德·波伏娃《第二性》

K 小姐的故事

K 小姐有一个弟弟,她来到课堂上的苦恼是,她感受到家庭里从小弥漫的重男轻女的氛围。同样是上学,放学以后,她需要协助母亲做繁重的家务,而弟弟却不用。大部分的时间,她需要待在家里,和母亲一起工作,准备饭菜,收拾房间,完成功课。弟弟却可以出去玩,然后在父母的哀求或训斥下很晚完成作业。明明她更乖,功课更好,更讨人喜欢,可是家里好吃的东西,总是先留给弟弟。明明她考上了大学,为父母争了光,弟弟仅仅混了个职专,家人却要为他各种筹谋。

即使她长大以后,结婚嫁人了,依然是这样。她每次回娘家,就需要帮妈妈做这做那,妈妈也会像一个主妇一样,告诉她一切的家长里短。而弟弟只需要下班回家,一切坐享其成就可以。每当弟弟遇到工作或财务的困难,妈妈总要求她资助弟弟。刚开始的时候,她还很生气,慢慢地也就习惯了,好像这些事天经地义就要这样干。她现在的担心来源于,她也生了一个女儿,夫家希望她再生一个儿子。她非常抗拒这件事,因为她感觉到她似乎要开始重复她母亲的命运了。而她的女儿也将重复她的命运。让她更恐慌的是,她以为自己上了大学能够改变她对女性命运的认知,没想到这种命运就像刻在石头上的字一样,深刻又难以磨灭。她一方面觉得痛苦不堪,无法感受到妈妈对她的爱,母亲明显的偏爱让她无法确证自己在家里的地位。而嫁入夫家以后,夫家对她相夫教子的要求,也让她觉得自己快要窒息了。她问我,人生的意义是什么?坏孩子能够得到更多宠爱吗？

这是一个让人沉默的问题。坏孩子更有糖吃吗？

后来，我给她讲了一个故事。一个电台的主持人有一次接听了一个电话。这个电话是一个小女孩打来的，她问了电台主持人一个问题。她说，她很乖，妈妈晚上叫她去睡觉，她就乖乖去睡。可是弟弟却没有那么乖，他每次睡觉之前，都要求吃一个苹果才去睡觉，而妈妈也总是满足他。所以，她想问电台主持人，上帝是公平的吗？她到底是该坚持做一个好女孩，还是像弟弟一样，做个不听话的坏孩子。这个问题把能言善辩的电台主持人难住了。小女孩没能得到她的答案。多年以后，这个电台主持人参加了一个婚礼，婚礼上，新郎因为手忙脚乱，把本来应该戴在左手的结婚戒指套在了新娘的右手上。主持婚礼的牧师显然很有经验，他幽默地说：新娘的右手已经很美了，不需要任何多余的装点。那个电台主持人恍然大悟，他急忙跑回电台，打开频道，大声说："小女孩，你还能够听到我的声音吗？我找到答案了。你是一个好女孩，已经是上帝给你最好的奖赏了。你无需再做别的。"

听完这个故事，K 小姐大哭了一场。许久以后，她见到我，说，这个故事深刻地安慰了她。她看到自己日子里的好，也看到了家里的艰难——弟弟没有培养好，给父母带来的麻烦和辛苦。她无比感谢自己经历了努力的童年，尽管她依然感觉到父母的不公平，但是，她更懂得爱自己了。她要好好对待自己，也会好好地爱自己的女儿。女性只有自己学会了爱自己，才可以改变被塑造的命运。

童话与现实

忘了有多久，再没听到你

对我说你，最爱的故事

我想了很久，我开始慌了

是不是我又，做错了什么

你哭着对我说，童话里都是骗人的

我不可能是你的王子

也许你不会懂，从你说爱我以后

我的天空，星星都亮了

我愿变成童话里，你爱的那个天使

张开双手，变成翅膀守护你

你要相信，相信我们会像童话故事里

幸福和快乐是结局

一起写我们的结局

——光良《童话》

当少年主动地走向成人年龄时，少女却窥视着这个不可预测的新时期的开始，这个时期的情节已经编织好了，时间把她带到那里去。她已经脱离童年的过去，现在只对她显现为一个过渡；她在其中发现不了任何有价值的结果，而仅仅发现消遣。她的清纯不知不觉地在等待中消耗。她等待着男人。

诚然，少年也梦想着女人，他渴望她；但她只是他生活的一个部分：她不概括他的命运。从童年起，小女孩不论是想作为一个女人自我实现，还是想克服女性的局限，要想完成和逃避这一点，都有赖于男性。他有珀尔修斯和圣乔治神采奕奕的面孔；他是解放者；他也有钱有势，掌握幸福的钥匙，是"白马王子"。她有预感，在他的爱抚下，自己被生活的洪流席卷而去，就像憩息在母亲的怀抱里；她顺从他温柔的权威，重新感到像在父亲的怀抱中一样安全；拥抱和注视的魔力重新把她变为偶像。她总是深信男性的优势，这种男性的威望不是幼稚的幻觉；它有社会经济基础；男人确实是世界的主人；一切都使少女确信，让自己成为男人的仆从是符合自己利益的；她的父母促使她这样做；父亲以女儿取得成功而自豪，母亲从中看到前途似锦；同学们羡慕和赞赏她们当中获得男人最高敬意的人；在美国的大学里，女生的地位是由她积累的"约会"次数来衡量的。结婚不仅是可敬的职业，不像其他许多职业那样累人：唯有结婚才能使女人达到完整的社会尊严，作为情人和母亲在性的方面自我实现。她周围的人正是从这个角度考虑她的前途，她自己也是这样考虑的。人们一致同意，征服一个丈夫——或者在某种情况下征服一个保护者——对她来说是最重要的事。在她看来，他者体现在男人身上，正如对男人而言，他者体现在她身上一样；但是，她觉得，这个他者是以本质方式出现的，而她面对他，则自认为是非本质的。她从娘家和母亲的控制中摆脱出来，不是通过主动的征服，而是通过在一个新主人的手里重新变得被动和驯服，为自己开创未来的。

　　人们经常认为，如果她忍受这种放弃，是因为在肉体上和精神上，她变得低于男孩，无法与他们匹敌；她放弃徒劳的竞争，把如何保障她的幸福交给更高阶层的一员来操心。事实上，她的屈辱并非来自既定的低下；相反，是这种屈辱造成了她的所有缺陷；它的根源在于青春少女的过去，在于她周围的社会，正在于给她提供的未来。

　　　　　　　　　　——〔法〕西蒙娜·德·波伏娃《第二性》

　　在福建省南方的一些沿海城市，它们有属于自己的文化。因为土地贫瘠，加上靠海，生计艰难。他们的祖辈往往选择远渡异国他乡，用辛勤的劳动，攒下一份家业。后来，日子慢慢好了，这一代的年轻人享受着祖上的余荫，不必独在异乡为异客，但他们也不喜欢安稳的工作，大多选择了经商置业。一旦他们小有成就，家里就会为他们选一个美貌的女孩做太太。而这些美貌的女孩，也早早就有了成为这样人家太太的觉悟，她们有的大学毕业，有的甚至没有念过大学，她们无需工作多久，只要找到一张"饭票"，便赢得了人生的第一张彩票，从此过上相夫教子、逛街美容健身的悠闲日子。她们不会怀疑人生的幸福，除非她们的老公出轨。即使她们的老公出轨，如果还在支付家用，她们也会选择忍受这种生活。毕竟，多年养尊处优的生活，让她们失去了通过工作来养活自己的能力。

　　在这样的文化中，女性结婚生子以后还在工作不是一件值得赞美的事，反而是老公本事不够的表现。或者，即使支持女性继续工作，也不希望她们太过进取，工作之余剩下的时间用来照顾丈夫和孩子，这是她们的夫家对她们更真实的期待。

J小姐的故事

J小姐在22岁到27岁的这五年，是她人生最为春风得意的一段时间。因为身材婀娜，相貌姣好，作为五星级酒店服务员的她，被一对经商的老夫妇看中了。在他们的家乡，孩子的婚姻，父母还是可以安排做主的，尤其是如果父母财力雄厚，而子孙尚未出息，为子孙安排一个婚姻，是再正常不过的事。

虽然不是自由恋爱，但是想到未来的公婆已满意，未来老公也算长得潇洒，J小姐的家人与J小姐都觉得这是一段不错的婚姻。于是她便草草结束了不到两年的工作，安心嫁做人妻，三年抱俩娃。第一年就生了一个女儿，两年以后又生下了儿子。公公婆婆高兴得很，大手一挥，就奖励了一套房子。因为养育孩子，家里请着两个保姆，一个负责卫生，一个负责孩子。当然，公婆希望她也能够在家里全心全意带孩子。这日子是顺风顺水，不愁吃不愁喝。有时候还出去打打小牌，做做脸部保养。那个社区里，有无数像她这样美丽窈窕的女孩。

老公长得年轻潇洒，结婚与没结婚没什么差别，仿佛只是家里的一个客人。在父母的企业里上班，三天打鱼两天晒网，也没有人认真考核他的出勤。公婆以为他回家了，J小姐以为他在公司努力赚钱。可是他早就跑到风月场所里左拥右抱，日子快乐逍遥得很。别人问起他的家庭，他就说是家里安排的，反正也就是结婚生孩子，就当多养了一个人。

如果不是当街撞见老公搂着别的小姑娘进了酒楼，J小姐都还沉浸在自己钓到了金龟婿的幻想里。她要闹，老公就躲着不回家。她去找公婆主持公道，可是公婆也拉不回不靠谱的儿子，只能劝慰她：我们只认你一个。

这是什么意思？余生如此？想离婚，又舍不得孩子。她没有工作，就算判离，孩子也不能判给她。不离？这日子还能过吗？

这个故事没有结局，就像鲁迅说的，苍蝇飞了一圈又回到原点。J小姐有可能离婚，进入下一轮金主的寻找，也有可能不离，最后麻木在自己的命运里。

世间本没有捷径，所有好走的路都标好了价格。男人不是女人的归宿，从来也不是。

第三节　女性的命运

作为女性的前半生

第一次意识到作为女性的卑微，是我母亲告诉我的。她告诉我，因为我是女孩，我的奶奶不喜欢我，所以，想把我送走。也因为我是女孩，奶奶拒绝给我的母亲坐月子，让她一个人度过照顾孩子和自己的头一个月，而我的父亲远在他乡。

第二次强烈感觉到作为女性的难堪，是第一次月经初潮的时候，我不知道为什么流血，我以为是自己橘子吃多了上火引起的出血，就像是流鼻血一样。当我的母亲发现我来了月经，递给我一个奇怪的东西，这个东西并不重要，重要的是她的脸上写着嫌弃，似乎这是一件不太光彩的事情。

第三次感受到作为女性的无足轻重，是在初中即将毕业的时候。我的伯父来到我家里，劝我的父亲停止我的学业，让我跟他们到深圳的工厂去打工，以贴补家用，缓解父母养育三个孩子的艰难。他说，女孩子念那么多书没用，而且就算初中念得好，高中也不行。我的父亲没有答应，他希望我去念书。感谢我英明神武的父亲，否则我的命运将在那一年改变。多年以后，我看陈晓艺主演的电视剧《打工妹》，想象自己差点也成了一个打工妹，不禁为自己感到庆幸。

第四次怀疑女性这个性别给我带来麻烦是在高中的第一个学期，因为不太适应学校住宿以及初高中之间的转化，第一次半期考不太理想，也考出了人生的第一次不及格，数学考了58分。啊，真是人生的耻辱标志啊，它被我深刻地烙印在我的人生简史里。我的父亲忧虑重重，我的奶奶一脸不以为然地对他说："跟你说过了吧，女孩子到了高中就是不行，早就该跟着你哥去打工。"好吧，多年以后，她坐在祠堂里，看着我的博士毕业照挂在祠堂的墙上的时候，不知道还能不能想起当年说过"女孩不太行"这句话。

第五次对性别影响学业的质疑是大学的第一场辩论会，我们学校很有名的教授得意地看了一眼学生和评委，然后说："我看今天的辩手都是女生，可见女生更擅长说话，但是，我又看今天的评委都是男的，可见男人更擅长思考。"那种得意洋洋自以为是的"幽默感"，让我瞬间对这个老师失去了任何崇敬，尽管我知道他是多么有名或者多么受人尊重。

第六次意识到女性命运的无法逆转，是到了研究生时期，男导师们对女学生总是摇头叹气，一种后继无人的感慨。到了读博士时期，很多师姐会选择在这个时候养育孩子，让很多导师大失所望或者暴怒，宣称以后再也不收女学生。

女性这个角色给我带来了很多麻烦，对陌生危险的恐惧、生理期的不方便、体力的不足、被质疑能力……

女性这个角色也无法为我带来荣光，本来女人是进不了祠堂的，奈何男性子孙不争气，往上数六代，并没有做了将军的，读书出仕的也少。到了我们这几代，就更是仓皇不堪，不曾出了什么了不起的人才，只能将一个年纪轻轻的博士，作为装点的门面。到了这个时代，男女平等已经唱了几十年，也就不计较我是女生这件事了。但是，我认真翻过族谱，依然没有我的名字。

所以，我的人生是要被遗忘的人生。照片蒙尘，直到出了更了不起的人物，最好是个男的，把我换下来为止。

我凝望着这样的命运，感到如此不堪又可笑。我很少回去家乡，即便在同一座城市里，我也很少回去。在过去的命运里，我很少感受到认同。在我的记忆里，女孩不值钱，女孩不会读书，女孩就是要嫁人的……我对这样的文化，深深感到身在其中的耻辱与愤怒。

很难想象，这是20世纪90年代的文化。女性运动已经过去几十年了，似乎改变得并不多，在广大的农村、广大的城郊，一切如常。

作为女性的后半生

有人说，投胎是个技术活。还有人说，女人嫁人是第二次投胎。

第一次投胎其实是个运气活，降生到怎样的家庭，命运不知道掌握在谁的手里。我觉得我的运气是好的，因为我的父母支持我读书改变命运。

第二次投胎更像是技术活，是情商与智商双料结合的产物。

这一次技术活，我干得不错。我找到了一个愿意成全女性的先生。

在这一场新的命运中，我第一次感受到作为女性的快乐。当我生气的时候，我可以随便发脾气，我可以无理取闹、胡说八道，而先生只是无可奈何地看着我。

我第二次感受到作为女性的珍贵是我生第一个孩子的时候，我做好了一切的准备顺产。但是，在我住进医院的时候，医生问是顺产还是剖腹产的时候，他非常坚定地选择了后者。我一秒就怂了。那一刻，我才知道，我是多么怕顺产，看过的书、电视剧里生孩子的恐怖场面，早就吓坏我了。后来我问他，为什么选择剖腹产？他说，所有危险的可能都要扼杀掉。那个时候，无法去深究顺产的好处、剖腹产的坏处，它不重要，重要的是，他对我的担心。

第一个孩子是女孩，他看着我，对我说："我跟别的爸爸不一样，男孩女孩在我心目中是一样的。"

女性悲伤的命运，深入我的骨髓，我并不能马上相信他对我说的话，也许只是安慰我呢？

不久以后，老二又怀上了。我看着他的眼睛，问他：如果又是一个女孩呢？他还是说，都是菩萨给的孩子，男孩女孩在我心里是一样的。

生老二的时候，他陪我进了产房，看见了剖腹产的整个过程。老二还是个女孩。麻药退了以后，他对我说，我以后再也不会让你生了。我问他：那你没有男孩，不觉得遗憾吗？他说：你不相信我，你不相信在我心里，男孩和女孩是一样的。

是呀，我很难相信。谁来叫我相信呢？我作为女性的前半生，不曾有人让我相信这一点。

果然，不断有人劝我再生，不胜其烦。

有一天，我们再次说起这件事，他对我说：自从我看了你剖腹产的那个过程，我就在心里做了一个决定，我不会让你再生孩子，太可怕了，不能再受那样的苦。男孩和女孩在我心目中真的是一样的，我很爱她们，我有她们就够了。

多年以后，我和两个孩子还有孩子的爸爸，在饭桌上聊起重男轻女的事，孩子们感慨地说：为什么会有人重男轻女呢？这真奇怪呀。

我其实无法确定，作为女孩的她们一生的命运在未来到底是什么样的，但是，至少现在、此刻，在我们的家里，在我们家的文化里，我想告诉她们，女孩和男孩是平等的。我也努力去完成我的各种使命，家庭责任、社会责任……我想告诉她们，女性的命运终究还是掌握在自己的手里。我想告诉更多的女性，女性的命运要靠自己去书写。

第三章　我从哪里来：与父母和解

第一节　家为何会影响人

原生家庭对家里子女的影响越深刻,子女长大之后就越倾向于按照幼年时小小的世界观来观察和感受成年人的大世界。

——卡尔·古斯塔夫·荣格

——老师,我们真的受着我们父母的影响吗?

——是的,这一点毋庸置疑。

——可是,为什么我觉得我和我的父母不像啊?

——那是因为,你还没有结婚和生孩子。

——这又是什么意思?

——父母、夫妻,都是一种角色,这种角色必须在你成为孩子的父母,或者成为别人的伴侣之后才会发生。当那一刻发生,你会发现,你可以学习如何扮演这个角色的,只有你的父母。你会不自觉地模仿你的父母,无论你愿意不愿意,这就像一个孩子看了一部电视剧,模仿电视剧的剧情。

——老师,我们不可以不像他们吗?

——可以,但要为此付出很多努力。

——这是什么意思？

——意思是，很多人一生都在努力摆脱父母对自己的影响，但是，每当冲突到来、压力来临，他们总是会第一时间采用父母惯用的方式。这不代表他们的方式是正确的，只是证明，这是他们习惯的方式。我们常常用习惯的错误方式来应对生活，而它的示范常常来自我们的父母。

——老师，面对这样的情况，我们该怎么办？
——你需要学习。
——要学习多长的时间？
——很长的时间。
——多么长？
——想象一下，你原来擅长右手打球，现在要换成左手打球。你得花多长时间把左手打球练到右手那么熟练？就是那么长的时间。

——老师，我很害怕，那对我来说，太难了。
——但是很值得。
——为什么？
——因为你和你的父母是不一样的人，你们有不一样的人生。
——父母身上难道没有好的部分吗？
——当然，当然有好的那些部分，而且相信我，那些部分你也继承了。

——那么，我为什么还需要改变？

——因为，不好的那个部分，是你要去改变的。每一代，总是努力着比上一代过得更好，这是人类的进步。

——老师，我该怎么做？

——去学习正确的知识，并找到好的方法，剩下的，就是不断地练习，直到你成为它。

原生家庭理论——科学还是伪科学？

原生家庭，在社会学意义上指的是子女还未成婚，仍与父母生活在一起的家庭。与之对应的概念，是新生家庭，指的是夫妻双方组成的新家庭。

原生家庭对人的一生，影响深远。即便大多数的人，在成年以后都会离开他的原生家庭，开始新的生活，但是，他们在心理上依然难以摆脱原生家庭对他们的影响。即使忽视原生家庭的影响，也不过是一种防御手段罢了，人无法摆脱过去经历的影响，也无法将其遗忘。即使在理性的大脑记忆中感觉已经完全想不起来了，在感性的身体记忆里依然存在。也许因为，记住过去太痛苦，很多人选择了遗忘，这是一种防御手段，也是保护自己的一种方法。但是，长大以后，早年的生活经历，依然会以不同的人物和场景出现。虽然看起来时间、地点、人物都不同，但是如果情节相似、唤起的感受相似，我们就会再次进入早年的生活经历里。

A 小姐的故事

A 小姐说,每次她和先生吵架的时候,她就会浑身发抖,有很大的愤慨,又好像很恐惧。有的时候,会突然嗓子像被什么东西掐住了一样,说不出话来。有时候,她不知道自己到底是气得说不出话来,还是怕得说不出话来。在回顾原生家庭的历程中,A 小姐说自己 6 岁之前的记忆一直都很模糊,几乎是一片空白。她一直和母亲生活在一起,母亲是一个很寡言的人,但很爱她。所以,她不知道自己这种激烈的感受是从哪里来的。咨询师使用催眠疗法,帮助 A 小姐进入比较深的潜意识,A 小姐忽然想起了自己 4 岁时的一个画面,父亲喝醉酒回家,看到她打破了一个杯子,就把她抓起来,狠狠地揍她。在她快失去意识的时候,母亲冲了进来,奋力和父亲扭打。她想爬起来保护母亲,却发现自己怕得发抖,根本没有办法站起来。她想叫父亲住手,可是声音仿佛卡住了,一直发不出来,画面就停在了自己发不出声音的那一刻。后来,父母就离婚了,母亲一个人带着她离开了家乡,去了离家乡很远的地方生活,对她很好,生活中鲜少提起她的父亲。慢慢地,她也就把和父亲有关的记忆遗忘了,仿佛生活中没有这个人。

即使大脑里的记忆是空白的,但身体从未忘记。

原生家庭概念的提出最早可以追溯到精神分析学派,例如弗洛伊德认为成年人的人格缺陷往往来自于童年不愉快的经历。而弗洛伊德的继承者卡伦·霍妮则直接归纳了父母的几大"基本罪恶"。

后来，家庭治疗师默里·鲍恩（Murray Bowen）将这些思想系统化，他认为，家庭问题会导致人格缺陷，这一缺陷不仅会伴随个体的一生，还会一代代传承下去。

在中国，原生家庭理论的推广，应该归功于萨提亚家庭系统治疗的普及。萨提亚认为，一个人和他的原生家庭有着千丝万缕的联系，而这种联系有可能影响他的一生。

萨提亚治疗模式中，有一个非常有效的治疗方法，就是家庭重塑。通过原生家庭雕塑的方式，帮助案主做改变。萨提亚女士深知责备父母并不能改变我们早年从原生家庭那里学会的应对策略。起关键作用的并不是责备的情景，并不是案主把痛苦归因于一个在时间中无法改变的时段，而是带案主看到一个人性的场景。在这个场景中，父母被还原成为一个普遍人性的个体，从而使案主放下小时候的期待。

家庭重塑的结果之一，就是让我们有这样一个机会，能够作为平等的人类个体与父母进行交流。而当我们能够做到这一点，我们就和父母做了很好的和解，才真正成为了一个成熟的成年人。

对于大部分人来说，一生的一个重要课题就是要学会如何与原生家庭既保持亲密的关系，又保有自己个人的独立自我。"认同"与"分离"是人生两大重要的命题。与原生家庭的"认同"让我们获得安全感和归属感，与原生家庭的"分离"则让我们拥有独立自我。遗憾的是，大部分人在这一点上做得并不是太好。

萨提亚家庭治疗理论，从 2004 年开始通过贝曼博士、林文采博士等人在中国的授课，广泛地影响了中国的心理治疗师。

也有很多研究者指出，原生家庭理论并不是心理学理论的主流，在学术界并不受关注。但是，在中国的心理咨询领域，这个理论却如鱼得水。究其原因，中国作为一个家族聚居型的社会，在诸多的心理咨询流派中，萨提亚家庭系统论的这种模式，合理地解释了中国的家庭现状，使得原生家庭理论在中国找到了沃土。

作为一个长期的家族聚居型社会，常常几代人生活在一起。即使孩子成年以后离开家乡，到城市独立生活和工作，他们也会在结婚生子之后，将本来在农村生活的父母接到身边，来帮忙照顾第三代。所以，在中国的家庭文化里，孝顺是一种非常重要的品质。所谓的孝顺，在一定程度上，就是指对父母和长辈的"服从"，在"服从"中得到"很乖，很懂事"的家庭评价，从而感受到被家族成员的认同。很多中国式家庭没有完成"分离"的阶段，几乎从未从他们的原生家庭中分离出来，共生现象非常严重。甚至于不仅出现母子共生，还会出现隔代共生。婆婆通过照顾孙子，与他共生，以缓解与儿子的共生因为媳妇的出现而导致的断裂与遗憾。

这种共生关系不仅出现在男孩身上，女孩也会。母女共生也是一种非常常见的现象。这些孩子一般表现为，没有主见，也不会有很强的事业心，常常年龄很大了，还和母亲睡在一起，自称"宝宝"。"妈宝"最明显的表现在于，婚姻爱情都是妈妈做主。即便结婚以后，依然还是都听妈妈的。这往往会给他们的婚姻带来很大的危机。

"妈宝"这一现象在独生子女这一代较为常见，尤其是在母亲与独生子的关系中。这些孩子很听妈妈的话，总是认为妈妈是对的，以妈妈为中心。妈宝男一般出现在两种家庭，一种是家庭条件较好的家庭。孩子因为较为优越的条件，被家庭呵护，不谙世事。即便成年以后工作成家，父母也会为他安排好一切，几乎不用他操心。第二种是父亲基本缺位的家庭，父亲长期在外工作或者对家庭事务不闻不问，家里的大事小事都是母亲做主，孩子也会养成依赖母亲的习惯。由于父亲长期"缺位"，母亲在感情上就会让儿子"补位"，两个人形成极强的共生关系。

B小姐的故事

B小姐决定离婚。因为，她无法接受婆婆对他们夫妇无孔不入的"关心"。家里所有的事，婆婆都要插手，连她买什么牌子的纸巾都要管。结婚的时候，本来和先生约定好，以后自己住，不和婆婆住在一起。可是，结婚后没有多久，B小姐就怀孕了，先生就以照顾她以及将来帮忙带孩子的名义，把寡居多年的婆婆接到家里。自从婆婆来了以后，B小姐就再也没有开心过了。婆婆几乎霸占了先生。每次下班回家，总是拉着他说个不停。有时候，还躲在房间里说话。B小姐很愤怒，和先生吵过几次架，可是每次先生都说让她多包容，因为母亲寡居多年，很是辛苦，希望她和自己一起好好孝顺妈妈。B小姐想到这是要和婆婆共同生活一辈子，就觉得生活彻底没有希望了。可是她已经怀孕了，B小姐默默流着眼泪忍耐了下来，心里想着，孩子出生就会好一点，能够分散一点婆婆的注意力。孩子出生了，是个男孩，婆婆和先生都很高兴，关系缓和了一段时间。休完产假，B小姐开始上班去了。白天不需要看见婆婆，她觉得日子好多了。但是没过多久，她发现越来越不对劲：儿子一直是婆婆带，和婆婆感情很好，也很黏婆婆，最初是白天不要她，后来连晚上也不要她了，选择和婆婆一起睡。渐渐地，她有时候觉得，婆婆、先生和儿子才是一家人，自己仿佛就是一个完成了生育任务的外人。每次和先生因为这件事吵架，先生总是说，儿子和奶奶亲不好吗？你不是更舒服省心吗？不要那么小气。

B小姐不知道自己对这样的婚姻还能够忍耐多久，孩子这么小，确实也很难下决心。压死B小姐的最后一根稻草，是有一天她因为身体不舒服，提早回家了。大概是家里午休的时间，她推开房门，家里很安静。可能因为热，又不想开空调，婆婆的房门开着，房间的大床上，左边躺着婆婆，中间躺着儿子，而儿子的边上，睡着老公。那一刻，B小姐绝望了。她知道，老公可能是和婆婆聊着天睡着了。但是，这个画面让她觉得，她不可能有能力改变这个家庭的关系了，他们三个才是铁桶一般的一家人。这张床上，没有她的位置。即使有，她也睡不下去。她怎么也无法忍受，老公都这么大年纪了，还可以和母亲睡在一张床上。

B小姐坚持离婚，无论先生怎么哀求，她都不松口。她不想把自己的一生埋葬在这样的家庭里。先生问她到底为什么，她也不说，因为她觉得再多说什么也没有意义。

该说的她已经说了几年了,先生根本就没有听进去。让先生在母亲和她之间做选择,赢的一定不是自己。何必再说破让自己的心再碎一次呢?所以,结婚三年,儿子两岁,B小姐离婚了,没有带走孩子。不知道谁会再进入这个家庭,继续这样的游戏。

其实,去深究原生家庭理论是否主流理论,是否得到学术界的认可,并不是最重要的。在国内,心理咨询行业的发展,本身就出现了理论和实践的巨大脱节。学院派的心理咨询方式和非学院派的心理咨询方式,所使用的方法真是天壤之别。

在实际的心理咨询过程中,我们会发现,原生家庭的理论有它的存在价值和实用性,但过分夸大它的作用,把人格发展过程中的"锅"都丢给原生家庭,也没有必要。

原生家庭对一个人的影响,主要表现在以下两个方面:

第一,人际关系。我们如何对待自己?如何对待他人?我们怎样处理人际关系?都受到原生家庭的深刻影响。夫妻之间是如何沟通的?在出现冲突和矛盾的时候是怎么处理的?如何养育孩子?是否有比较好的外部人际关系?……这些,无不受到原生家庭耳濡目染的影响。

第二,世界观、人生观和价值观。我们可以把一个人的"三观"理解为整套的信念系统。我们如何看待生命?是否健康饮食和拥有良好的生活习惯?我们如何看待工作,是积极努力还是消极应付?我们如何看待责任,是重承诺还是轻许诺?我们怎样辨别是非对错,标准是什么?正直善良还是邪恶龌龊?我们如何与世界相处?是倡导和平还是蓄意破坏?利己还是利他？……父母在这些方面的表现，就如同在给我们放电影，一幕幕演绎给我们看。长大以后，当相似的情景再现的时候，我们最容易模仿的就是我们小时候天天在看的电影画面，鲜少有人能够反思。

价值观主要体现在时间观和金钱观上。在这两点上，我们受原生家庭的影响特别深。比如原生家庭对金钱有很好的观念，懂得计划和使用，往往孩子也会继承这一点。但是如果父母大手大脚，在金钱上没有计划，可能孩子也会学习父母这一点。当然，也有反例。那就是因为父母对金钱没有规划，导致孩子对家里缺钱的状况体验深刻，长大以后反而成了一个在金钱上极有计划的人。孩子小的时候，父母在金钱上把控太严格，孩子长大以后自己有了经济能力，就开始买买买地来满足自己。这依然还是金钱观受到原生家庭影响的例证。时间观也是如此。

三角关系

在原生家庭中，影响主要是通过父母传递给孩子的，我们把这组关系称之为三角关系。

三角关系是一个完整的家庭最基本的关系，包括父亲（丈夫）、母亲（太太）和孩子。

在新生家庭成立的最初，只有丈夫和太太，关系非常简单，是两个人的磨合。而随着孩子的出生，两个人的关系就变成了最原初的三角关系。也可以说，这是最稳定的一种关系。

在常规的社会学意义上，一旦形成三角关系，一个家庭就

```
        孩子
         △
       /   \
      /     \
     /       \
    /         \
   /           \
 父亲─────────母亲
```

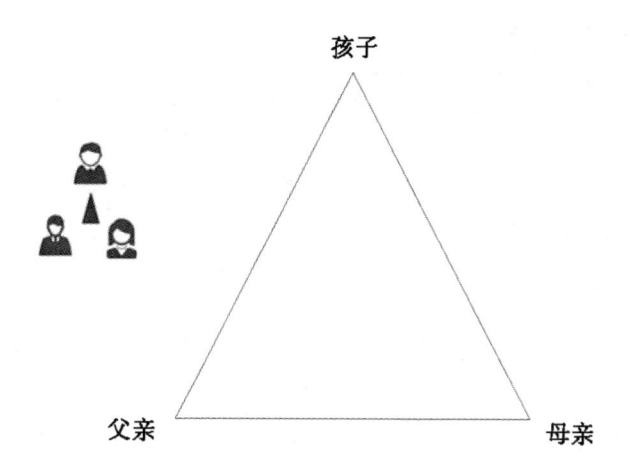

会自动进入一种新的平衡状态，大体情况下，父亲承担起家庭经济的主要责任，母亲承担比较多的家庭养育责任，孩子在父母的照顾下成长。当然，有的家庭会不止生育一个孩子，那就形成多子女家庭，以及不止一组的三角关系，而是复杂关系。

但是，无论多少个子女，每一个孩子都是有他自己和父母的独特的关系模式的。他和父母的关系的好坏亲疏远近，对这个孩子的一生有非常深刻的影响。

在使用原生家庭理论给案主做心理治疗的过程中，最经常需要处理的就是案主和父亲或者母亲的关系。

我们如何快捷地知道，父母在哪些方面影响我们，就需要借助到另一位心理学家的研究。

心理营养

萨提亚家庭治疗理论在中国传播的过程中，也诞生了新的理论支系。马来西亚的林文采博士,萨提亚治疗方式的继承者之一,在中国授课十年之后,提出了"心理营养"的理论。

何谓心理营养?在林文采博士看来,帮助儿童成长的除了基本的生理营养,还要有心理营养。儿童7岁以前,如果能够喂足"五大心理营养",容易养成好的性格。

年龄	心理营养	备注
0~3个月	无条件接纳	孩子最渴望也最需要得到的心理营养:不管我将来怎样,你都会接纳我,你会接纳的是我这个人,而不是什么其他的条件。
	生命至重	在你的生命中,此时此刻,我最重要。
4个月至3岁	安全感	孩子安全感的来源: 1. 妈妈情绪稳定; 2. 夫妻关系良好; 3. 自己能做的事情自己做(比如吃饭、穿衣、走路)。
4~5岁	肯定、赞美、认同	这个时期,来自爸爸的肯定、赞美、认同最重要。如果爸爸跟孩子说:"孩子,我喜欢你,我非常高兴你是我的孩子。"这句话孩子会记住一生。
6~7岁	学习、认知、模范	在这一时期父母的行为是孩子最好的示范,孩子向父母习得如何管理自己的情绪,如何处理人际关系以及生活中遇到的问题。

在林文采博士看来，心理营养是孩子一生的底层代码：

> 未来所有学习能力的基础，决定于7岁前有没有得到足够的心理营养。如果有，孩子自然会有生命力去探索、学习新东西。如果没有，他就会耗费大量生命能量，寻找曾经未被满足的心理，比如过于渴望他人的肯定、赞美，而不能够展现那个年龄阶段最好的生命力。
>
> ——林文采《心理营养》

很多父母在听完这个理论后，不免担心，我的孩子已经过了7岁了，是不是就没有办法了。好在林文采博士也指出：心理营养，能早开始最好。如果没有，早意识到也是好的，任何时候开始都可以。

把每种心理营养归入一定的年龄段，是为了帮助父母了解在特定阶段孩子最渴求的心理营养。实际上，这五大心理营养，在每个成长阶段孩子都希望从父母那里充分获得。

林文采博士认为，如果儿童在0～6岁时期，在父母那里能够得到充分的心理营养，那么孩子就会开出生命的五朵金花：爱、联结、安全感、价值感、独立自主。

在看过许多心理学理论关于童年发展的描述之后，我觉得林文采博士关于"心理营养"的这种提法，对于普通的父母来说，可操作性是极强的。

心理营养

无条件接纳
生命至重
安全感
肯定 认可 赞美
学习 认知 模范

（图示：树叶标注——独立自主、安全感、爱、价值感、联结）

Z女士的故事

Z女士在孩子5岁的时候，开始寻求心理治疗的帮助，原因是亲子关系崩溃。原来她和大女儿的关系很好，大女儿也很乖。可是三年以后，儿子出生，她的情绪就开始不稳定了。一方面，先生很忙，常常出差，她自己因为这个原因，只好辞职在家照顾孩子。即使有一个保姆在帮忙，她也觉得应付不过来。一方面儿子太小，需要照顾，大女儿又常常情绪崩溃。每次大女儿情绪崩溃，她也跟着情绪崩溃。骂女儿，甚至于失控到动手打她。打完以后，又非常后悔自责。这种愤怒交织着愧疚的情绪，把她折磨得快崩溃了。

咨询室里，展开了属于她的故事。原来她也是家里的老大，出生在只能生一个的时代里。因为是个女儿，家里很不高兴。但又因为是唯一的孩子，家人还是对她不错。她度过了7年的快乐时光，直到母亲又怀孕了。家里无论如何也想生下来，原因是偷偷请人 B 超看过，是个男孩。因为那个时候管控还很严，所以，只好让母亲把工作辞了，送到很远的乡下，偷偷生出来。生出来以后，最开始的两年，不敢带回家，所以母亲大半时间都要在另外一个家照顾弟弟，而把她交给了奶奶。奶奶因为弟弟的出生非常高兴，和她在一起的时候，也会忍不住高兴地说起弟弟。Z 女士觉得自己被家庭抛弃了。两年后，弟弟以领养的名义被带回了家，和她生活在一起。她的脸上就再也没有过笑容。

自己的第一个女儿出生的时候，婆家还没有什么特别的表示，但是，她怎么也忘不了刚刚出产房的时候，自己的母亲在她耳边说的一句话：没关系，我们还可以再生，现在生两个合法了。

她有一段时间坚持绝不再生一个孩子，绝不让自己的历史在女儿身上重演。但是，扛了两年，架不住亲戚朋友家人的各种劝，妥协了。又生了一个，果然是个男孩。大家都说她"儿女双全好福气"，可是，只有她自己知道，自己的内在崩溃了。一方面，她心疼女儿，然而另一方面，她又觉得儿子是很重要的。（原生家庭的戏码在她身上完全复制了。）

在 Z 女士的心理治疗过程中，咨询师处理了她"女性角色"的合法性，让她看到了自己存在的美好价值。然而，更重要的是，咨询师让 Z 女士意识到，如果原生家庭给她带来了巨大的痛苦，使她堕入情绪的深渊，那么她现在也是一个母亲，她能够为孩子做的最好的事情是，停止让这样的事情再次在自己的孩子身上发生。咨询师教她给孩子做心理营养的方法，也教她给自己做心理营养的方法，并提醒她，这就是她的"药"。当她有能力给自己心理营养的时候，她就有力量去照顾孩子。而当她有能力给孩子心理营养的时候，她可以减少自己的愧疚，形成亲子关系中的正循环。咨询师同时还邀请Z女士的丈夫来到咨询室，解释了心理营养的原理，也和他解释了Z女士的童年故事，请求他给予帮助。幸运的是，Z女士的丈夫是一个愿意配合的先生。

半年以后，咨询师收到Z女士的反馈：她非常感谢"心理营养"的理论和工具，她的家庭关系好多了，现在回想起童年，也没有那么痛苦了。老大和老二的关系也越来越好，她和女儿的关系也稳定多了。

她说，这是她生命的救赎，在给女儿心理营养的同时，也拯救了自己。

练习：心理营养自查

根据林文采博士的理论，请你给自己做一个心理营养自测。以0~10分进行自我评分，0分是完全没有，6分是及格，10分是足够。这只是一个心理感受，并不需要一个客观的评分标准，听从大脑的第一直觉就可以了。

即便分数不太高，也没有关系，我们依然有很多办法可以在成年以后得到心理营养。林文采博士说过一句很深刻的话：心理营养可医百病。

第二节　童年创伤

——老师，我很痛苦。

——嗯，我感受到了，有一股很强大的负面力量。

——老师，我想快速解决我的痛苦，我想过快乐的生活。

——嗯，我也感受到了，是另外一股强大的想要改变的力量。

——老师，我怎样才能解脱现在这一切？

——可能最终都无法解脱。

——那我为什么要来上课？

——为了来看懂真相。

——真相是什么？

——真相是，在过去的经历里，有创伤，但也有资源。

——什么意思？

——就是硬币的正反两面。我们的生活就像那枚硬币，有正面也有反面，每一次，我们把硬币抛到空中，并不确定掉下来的是哪一面，当正面的时候，我们高兴极了，当反面的时候，我们感到沮丧。

——这和成长与改变有什么关系？

——原来，我们把抛硬币的手，交给了命运，并随波逐流。

——那么现在呢？

——要学会看到正面的时候欣喜，看到反面的时候接受。学会用自己的手，把硬币翻过来，告诉自己，还有另外一面。

——我该怎么做？

——你需要正确地学习。

——然后呢？

——练习，一直练习。

安全感——依恋关系（母婴关系）

依恋关系的理论最初是由英国的精神分析师约翰·鲍尔比提出的。二战期间，很多儿童变成了孤儿。通过对孤儿的研究，Bowlby发现，虽然他们的身体得到了看护，但是却表现出严重的心理障碍，根据对他们的分析，他提出了依恋关系理论。Bowlby认为，在个体和依恋对象的实际交往中形成了个体和看护者之间的内部工作模型，在孩子成长的过程中，会不断内化这个工作模型，并形成相对固定的行为模式，这种模式一旦形成，就具有自我稳定的倾向，并难以改变。

依恋关系理论提出以后，受到了心理学家的欢迎，后来的心理学家根据这个理论，细分了几种依恋模型：

1. 安全型依恋

孩子在和父母相处时，感到安全，并且相信父母对自己的爱，能够与之有效连接。安全型依恋人群对自己和他人有积极的观念，并能够接受自己偶尔的脆弱和失败。

2. 焦虑型依恋

这种依恋关系常常建立在不稳定的亲子关系上，父母无法以一种良好的方式连续性地回应儿童，他们时而温和有礼，时而粗暴崩溃，有时能够回应儿童的哭泣，有时不能，阴晴不定。这类型的孩子会发展出焦虑型依恋模式。这一类型的孩子，在情感上较为依附他人，对他人抱有积极的观点，却对自己抱有消极的观点，希望通过别人对自己的肯定赞美来确认自己的价值。如果他的期待无法在他人那里获得满足，就会衍生出很多指责：都是你不好，你不肯给我我需要的，都是你的错，你怎么可以这样……

3. 回避型依恋

小时候受到父母忽视的孩子，比较容易发展出这种依恋模型。他们的大多数需求无法得到父母的回应，孩子感受不到和父母之间的情感联结。回避型依恋的孩子长大以后，也不会寻找情感依恋，甚至会在他感受到情感依恋的时候，自己主动分离出来，因而显得特别冷漠。因为小时候的经历让他无法相信自己能够获得亲密的情感，所以宁可以极为消极的方式来应对。

为了不失望，宁可不希望。为了不让你伤害我，我也不会让你靠近我。这样的人，非常孤独寂寞，却又无法让人靠近。

4. 恐惧型依恋

如果父母双方，有一个是边缘型人格，孩子非常容易发展出恐惧型依恋。因为边缘型人格的父母，很有魅力，但是情绪极不稳定，他们时常前一秒钟还充满爱意，可是下一秒钟就变成暴君，辱骂孩子甚至进行身体上的虐待。作为孩子，他渴望亲密，却又无法判断到底该靠近还是该远离，他既渴望又恐惧，既恐惧又依赖，终于发展出恐惧型依恋，小心翼翼地靠近又战战兢兢地怀疑。

依恋关系的品质决定了一个孩子的基础人格——是乐观的还是悲观的，是可以联结的还是冷漠的，是有爱的还是空虚的，是有自我价值感的还是没有自我价值感的。在大部分的文化中，母亲承担起了儿童早期养育的责任，因此，依恋关系更多地指向母婴关系。

依恋理论与心理营养的理论有异曲同工之妙。虽然细节上有些微不同，但道理都是相近的。它们都在告诉我们，与母亲关系的品质，决定了我们的安全感。与母亲关系亲密的孩子，能够发展出比较好的安全感，而与母亲关系不良的孩子，容易在安全感上表现不足。

当然，还有一种完全相反的案例，那就是与母亲关系过于亲密，用心理学上的术语，叫做"共生"。关系好到无法分离，甚至到了成年，依然是共生的关系。共生的母子关系，尤其是母女关系，会让孩子同样很没有安全感，因为，在共生中，孩子无法做自己。无法做自己，意味着无法独立自主，那么依然是破坏安全感的。

价值感——与父亲相关

儿童早期的发展，主要和母亲的关系比较密切。但是 4 岁以后，孩子的活动范围开始扩大，父亲的影响开始超过母亲。这个时期，来自于父亲的肯定、赞美、认同，可以强化儿童的价值感，而如果父亲在这一时期无法扮演好自己的角色，或者因为各种原因，较少参与到孩子的成长过程中，孩子就会出现价值感方面的缺失，表现出对自己信心不足或者缺乏勇气。这一点，在男孩子身上表现得特别明显。

在课堂上，如果有男学员，很多都会出现与父亲的议题。我们分明地看到，从小没有得到父亲的肯定、赞美、认同的男孩，长大以后表现为对自我能力和价值的怀疑，他们常常陷入沮丧，需要很多来自外部的肯定、赞美、认同，才能确认自己。

安全感主要来自母亲，价值感主要来源于父亲。安全感和价值感具足的孩子，比较容易发展出积极的人格，而安全感与价值感缺失或不足的孩子，容易发展出悲观的人格。

如果父亲和母亲在孩子早期的时候，没有扮演好自己的角色，那么，在孩子的童年成长历程中，就会形成渴望未被满足的创伤。

童年创伤的影响

创伤是一种心理感受,是一种主观性的经历。有些行为对于一些人来说是创伤,但是对于其他人来说未必是创伤。

创伤可以是显性的,比如身体的虐待或者攻击;但也有些创伤是隐性的,比如父母的忽视和控制。事实上,无论是显性的还是隐性的创伤,都让人感到一种深刻的无用感和无力感。因为在事件本身对孩子造成伤害的同时,孩子意识到自己是不被保护的,这种感受也会让她陷入沮丧。

D小姐的故事

D小姐的原生家庭还不错,父母相爱,尽心尽力照顾孩子,看样子似乎不该有什么创伤。但是D小姐说,依然有一个画面,是她难以释怀的。小时候,如果她犯了错,父亲会打她,挨打是很痛的,她渴望得到母亲的帮助。但是每一次父亲打她的时候,母亲总会在旁边冷漠地看着,并且会对父亲说:就是该教训教训。这个画面让她深刻地意识到,自己在他们的世界之外,他们才是一国的,而她不是。

对她来说,这就是个创伤画面。长大以后,她始终都没有办法释怀这个画面:他们是一起的,而她不是。

习得性无助

积极心理学之父—马丁·塞利格曼因为提出了"习得性无助"的理论，而受到国际心理学界的广泛关注。

上个世纪 60 年代，塞利格曼做了一个实验，他把狗关在笼子里，只要蜂鸣器一响，就对狗进行电击，狗被关在笼子里，无法逃避电击。多次以后，只要蜂鸣器一响，哪怕打开笼门，狗也不跑，而且还没等到电击，就倒地开始颤抖和呻吟。

本来可以主动逃离却绝望地等待痛苦来临，这就是习得性无助。

童年创伤给人的影响，就很像这只倒地的小狗，因为小时候的创伤经验，使它很难相信自己有逃离的机会与可能，从而形成了塞利格曼说的另外一个经典理论——解释风格。

在塞利格曼看来，解释风格从童年开始发展，如果未经干预，就会持续一辈子。因为童年经历的不同，有些孩子发展出乐观的解释风格，有些孩子则走向反面，发展出悲观的解释风格。

塞利格曼认为，对解释风格的判断有三个维度：永久性、普遍性和个人化。永久性就是认为事情的起因会始终存在；普遍性就是这个问题影响许多情况；个人化就是认为事情的起因都是我，而不是其他人或其他的状况。

举个例子，跟学习有关的解释风格。一些孩子在入学早期的时候，会遭遇学习成绩不理想的状况，一次或几次的考试成绩不好。这个时候，解释风格就非常重要。

消极的解释风格会说：看样子，我就是搞不好学习的，我是一个学习不好的孩子，你看我的成绩这么差。那么，一旦对自己的学习做了这种绝对化的解释，就很难相信自己有机会把学习搞好。

反之，一个积极的解释风格的孩子可能会说：好吧，我就是一两次考不好，这是个偶然现象，代表我这个单元的内容没有掌握，只要我好好复习，我下次可以考好的。那么，孩子就有可能重拾对学习的信心。

在这里，我们会发现，这些话往往来源于父母或老师；也就是说，孩子的解释风格，深刻地受到成年人的影响。

太多的童年创伤，很容易让孩子形成悲观的解释风格，并养成习得性无助的习惯。

因此，在学习的过程中，转变解释风格是非常重要的一个步骤。我们需要学会在创伤中看到资源。

练习：原生家庭图和家庭雕塑

在课堂上，我们常常要通过一些练习，来帮助学员理解一些复杂的心理学原理，并借由练习的方式去体验，从而引发改变。以下是几个适合探索原生家庭的练习。

一、绘制原生家庭图（附例图）

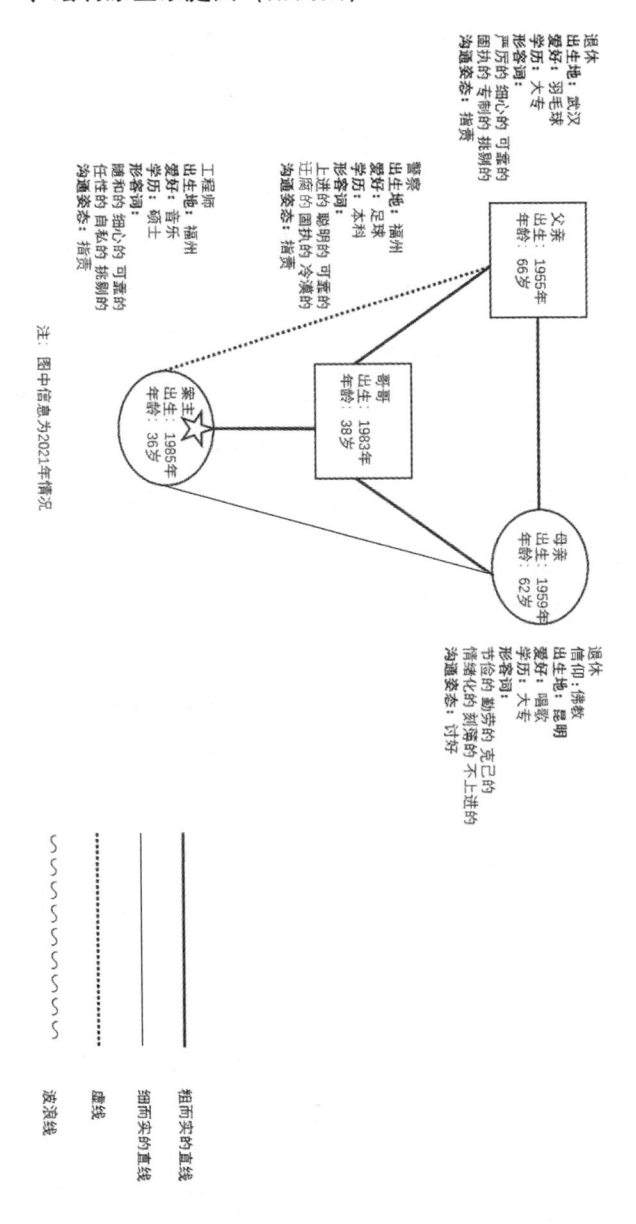

父亲
出生：1965年
年龄：66岁

退休
出生地：武汉
爱好：羽毛球
学历：大专
形容词：细心的 可靠的 严厉的 专制的 固执的 挑剔的
沟通姿态：指责

哥哥
出生：1983年
年龄：38岁

警察
出生地：福州
爱好：足球
学历：本科
形容词：细心的 可靠的 上进的 聪明的 固执的 冷漠的
沟通姿态：指责

梁主
出生：1985年
年龄：36岁

工程师
出生地：福州
爱好：音乐
学历：硕士
形容词：细心的 可靠的 随和的 自私的 任性的 挑剔的
沟通姿态：指责

母亲
出生：1959年
年龄：62岁

退休
信仰：佛教
出生地：昆明
爱好：唱歌
学历：大专
形容词：节俭的 勤劳的 情绪化的 刻薄的 懦弱的 不上进的
沟通姿态：讨好

注：图中信息为2021年情况。

细而实的直线
粗而实的直线
虚线
波浪线

通过绘制原生家庭图看到自己的成长经历，是一个有效的治疗手段。原生家庭图的绘制分四步。

第一步：绘制家庭基本结构。使用□代表男性，O代表女性。如果这个家庭有两个孩子，一个哥哥，一个妹妹（而妹妹是案主），案主的图形里加星号表示。

第二步：填写基本信息。基本信息包括：出生年份、年龄、职业（退休）。有些绘制得比较细致的原生家庭图，还会增加诸如出生地、爱好、学历等基本信息。

第三步：回想当你还是孩子的时候（十八岁以前），你对家人的体验是什么，他们有哪些特质，为每个成员添加三个正向的形容词和三个负向的形容词，没有绝对的好与坏，只是小时候你对每个人的感觉。有时候，我们还会把家庭成员在沟通中的应对姿态画上去。

第四步：也是最重要的一步，就是绘制关系线。

关系线有四种模式：

1. 粗而实的直线"——————"代表关系亲密。
2. 细而实的直线"——————"代表关系一般，就是一种普通的、接纳的、冲突较少的正面关系。
3. 虚线"…………"代表有距离的、冷淡的、疏离的关系。
4. 波浪线"～～～～～"代表恶劣的、风暴的、憎恨的、冲突的关系。

补充：在父母的关系线中，如果分居，就在关系线上加一条"/"，如果是离异，则加"//"。

完成后，看着自己绘制的原生家庭图，你看到了什么？你感受到什么？对这样的一个家庭，你有什么想法？可以找一个同学，分享给她听。分享自己的原生家庭情况，也是一种疗愈。因为，我们会感受到被看见和被听见，而在讲述自己的原生家庭情况以及聆听别人的原生家庭情况的过程中，我们也会有很多奇妙的收获。

二、原生家庭雕塑

从体验强度上来说，原生家庭雕塑的作用要比原生家庭图直接很多。我们常常会在课堂上使用"雕塑"的方法，去外化我们很难用语言表达的内在感受。

家庭雕塑是萨提亚女士的一个创造性发明，在个案治疗过程中，萨提亚女士会要求家庭成员用身体雕塑出一些姿势，通过身体语言来强调正在沟通的信息。雕塑技术外化了我们内心世界的应对过程。

语言天然有它的限制，无法完全表达出我们内在丰富的情感。往往一个雕塑，或者一个表情、一个动作，就表达了复杂的感受。在课堂上，家庭雕塑非常有助于学员进入原生家庭的情境，去再次感受自己的童年经历，并由此获得疗愈的路径。

第三节　童年资源

我们的童年，除了创伤之外，还有无尽的资源。这就是我们能够生存和生活下来最基本的真相。如果我们的童年都是创伤，我们是如何走到现在的呢？

萨提亚家庭系统治疗有一个很深刻的观点：每个人都拥有可以改变的内在资源。是的，无论童年感受多么匮乏的人，在学习成长之后，都会发现自己的内在拥有许多可以帮助自己改变的资源。有的时候，创伤的痛苦掩盖了这些资源，让我们看不见它们，但不等于它们是不存在的。

"影响轮"是一个能很好地帮助我们找到内在资源的工具，萨提亚创造了这个工具，来帮助我们觉察生命中的重要他人对我们的影响，不仅重要他人，还包括那些对我们十分重要的环境或者某种珍贵的东西，甚至宠物。

重要他人

重要他人（significant others）是心理学和社会学都关注的一个概念，这个词首先在 1953 年，由美国学者米德（Mead·G. H.）在《心灵自我与社会》一书中暗示，后由美国社会学家米尔斯（Mills·C.W.）对其加以发展，并首先明确提出概念。重要他人指的是个体社会化以及心理形成过程中具有重要影响的具体人物。这个重要他人，可能是一个人的父母长辈、兄弟姐妹，也可能是老师、同学，甚至是萍水相逢的路人。

根据个人成长的历程，重要他人依次出现。

幼年时期：重要他人主要是家人

在0~3岁，儿童的重要他人多半都是母亲，如果母亲无法亲自照顾孩子，那么照顾孩子的那个人，就会成为孩子的重要他人。这个重要他人对待孩子的方式给孩子的影响很大。正如林文采博士在心理营养理论中所提出的，在这个阶段，有三个心理营养孩子要通过和重要他人的互动接触中获得：无条件接纳、重视和安全感。其实，就是爱和安全感。孩子在和重要他人互动的过程中去感受：我是不是被爱的，以及我是不是安全的、被关注的。如果孩子得到的是正面的答案，那么就为孩子的人格铺垫了一个好的基础，如果孩子得到的是反面的答案，可能孩子一生都要为此付出代价。

早期的重要他人除了母亲之外，还有家人，包括父亲、祖父母，甚至保姆这些亲密接触的人。

补充概念：过渡性重要他人。

有的家庭因为父母很忙碌，需要工作，会留给孩子长时间的相处空白，这种情况下，孩子可能会选择一样东西，一般是柔软的玩偶、布料、毛毯这样的东西，作为自己的依恋物。我们把这个东西称之为"过渡性重要他人"，它是替代重要他人的一种物品，帮助孩子建构安全感。当孩子有这些依恋物的时候，父母不必着急，也不必要求孩子丢弃，而是尊重孩子的需要，让孩子持有这个依恋物。如果父母可以做到，就多花一点时间陪伴孩子，孩子有了真实的依恋，就不需要依恋物来获得安全感。

小J的故事

小J，6岁，上幼儿园。她的依恋物是一块很小的方巾，她的妈妈因为工作比较忙碌，所以照顾孩子的时间没有那么多。孩子整个幼儿园时期，几乎都持有这条小方巾。即使后来，小方巾很破旧了，她还是坚持要带着。家人很不解，在老师解释了"过渡性重要他人"的概念之后，家长接受了小J的习惯，并给与孩子更多的陪伴。后来孩子长大了，上了小学，心理越来越成熟，就不再持有这个依恋物了。

学龄阶段：重要他人是老师

到了儿童学龄阶段，孩子有了一个新的身份——学生。学校成了孩子的主要生活场景，这个时候，老师很容易成为孩子的重要他人。老师的人格会极大地影响到孩子。在小学阶段，老师的影响力甚至超过家长的影响力。这一时期，教师影响孩子的主要是他对自己学习的自信和价值感。

E小姐的故事

E小姐告诉咨询师，她人生的分水岭是从小学三年级开始的。小学三年级之前，她天不怕地不怕就像个野孩子，自我价值感也很好。但是，三年级的时候，遇到一个老师，总是否定她，认为她又调皮又不好学，常常打击她，使她生成了深度的自卑，这种自卑一直带到了大学时期。即便事实上她后来是一个学习成绩很好，也很美丽的女生，可是，在她的内在，她一直觉得自己是个"学渣"，并且不具备女性魅力。

由此可以看出，重要他人在关键时期的影响是正向的还是负向的，对一个人自我的建构是非常具有指导意义的。

青少年时期：重要他人是伙伴

年龄再大一点的孩子，想要摆脱家长和老师的管理，渴望成为自己，这一时期，同伴的影响就会变得越来越大。很多咨询电台都反映，他们在接听听众来电的时候，80%青少年的烦恼都和友情有关。

F小姐的故事

F小姐主诉的童年创伤是，她在初二的时候，因为父母工作调动，从一所中学转到另一所中学。因为是跨省调动，从北方城市到了南方城市，文化不太一样，所以她很难融入新的集体，也感觉到整个班级的女生对自己的排斥。初二、初三整整两学年，她都没有结识到新的朋友，一个人非常孤独又痛苦地度过了自己的青春期。这件事对她的影响是，她觉得自己是不受欢迎的，她不会被新的团体欢迎。到了高中，因为还是在同一所学校，同学们都传说她是一个孤僻的女生，所以即使已经错开分班，她被排斥的状况也没有结束。好在，高二的时候，班上又来了个转学生，也是从北方来的，她们才有了共同的语言，她才结识到新的朋友。但是，好像她们两个人也游离于整个集体，不过总比只有自己一个人战斗好多了。F小姐说，如果不是后来来了这个同学，她怀疑自己会不会自闭到自杀，因为她无数次产生过"与其这样，不如死了吧"的念头。

成年时期：社会上多元的影响

我觉得，人格理论中最有魅力的部分，其实是"成长性"。也就是说，人类早期的生活方式会很深地影响一个人，但并不是不可改变的。人格不仅是变化的、动态的，而且是可以被经历塑造的。尤其是在成年以后，成年人会受到多元的重要他人的影响。可能是某个偶像，也可能是某个名人的传记，也可能是偶然一个场合的一句话，也可能是一位仁波切……

即使有严重童年创伤的人，也不意味着生活是无可救药的。只要保持心理上的成长性，创伤也会被疗愈，困难会被克服，走出属于自己的新天地。

重要他人的影响，分成正面影响和负面影响。在自我的建构过程中，我们也可以称之为"协助自我者"和"破坏自我者"。好的影响，帮助建构一个全面的有价值感的自我；坏的影响，破坏自我的认同感，陷入低价值感的状态。

A 与－A：阳光与阴影

"A 与－A"练习的基本理念是，没有好与坏，只是解释角度的不同。比如说，我们在金钱上说一个人很小气，这是一个"−A"，但反过来，我们也可以说这个人很善于理财。比如，我们说一个人很豪爽，反过来也可以说，这个人很不注重细节。其实，事实是同一个，只是解释角度不同，结果就会变得很不一样。

我常常和学员说，在婚姻中，你婚前最欣赏他的部分，往往会变成婚后最讨厌他的部分。很多学员不以为然，我就举例子给她们听，后来，她们发现，果然如此。

比如说，结婚之前，你很欣赏这个人对朋友很有义气，看起来很有男人味。那么，结了婚以后，你就会很讨厌他不顾家，心里只有朋友。

结婚之前，你很欣赏这个人节约，觉得他是一个会过日子的人。但是结婚以后，就会讨厌他抠门不大气。

结婚之前，你很欣赏他不拘小节，结婚后，这种特质就被演绎成懒散和不认真。

人还是那个人，事还是那个事，只不过角色变了，角度变了，解释就变得不一样，结果也不同。

中国的道家文化在这一点上阐释得最为深刻：

> 天下皆知美之为美，斯恶已。皆知善之为善，斯不善已。故有无相生，难易相成，长短相形，高下相倾，音声相和，前后相随，恒也。
>
> ——《道德经》第二章

这里的关键，是在于你把 A 与 −A 的分界线画在哪里。我们说一个人有包容性，说的其实是，他能够同时接受 A 与 −A。

A 与 -A 就像阳光与阴影，我们喜欢接受自己身上阳光的一面，却不愿意接受被称之为"阴影"的另一面。

我们希望自己勇敢，却不愿意接受，勇敢的阴影也许是莽撞。

我们希望自己谨慎，却不愿意接受，谨慎的阴影也许是怯懦。

我们希望自己洒脱，却不愿意接受，洒脱的阴影也许是因为不在乎。

我们希望自己负责任，却不愿意接受，责任的背后可能是某种压力。

我们希望自己富有，却不愿意接受，自己的富有也许只是掠夺了别人的利益。

我们害怕自己情绪暴躁，却没有想过，也许只是因为我们情感较为敏感细腻。

我们害怕自己懒惰，却没有想过，也许只是因为与世无争。

我们害怕自己恐惧，却没有想过，也许只是因为在乎。

我们害怕自己逃避，却没有想过，也许只是因为不想伤害别人。

我们渴望阳光，却又害怕阴影。没有意识到，这两者是同时存在的。

"A 与 -A"的练习可以分三步：

第一步：写出 -A；

第二步：把评判变成事实的观察；

第三步：转化成 A。

基于事实的观察，和评判是不同的。以下这首诗反映了观察和评判的差别。

> 我从未见过懒惰的人
> 我见过
> 有个人有时在下午睡觉
> 在雨天不出门
> 但他不是个懒惰的人
> 请在说我胡言乱语之前
> 想一想，他是个懒惰的人，还是
> 他的行为被我们称为"懒惰"？
> 我从未见过愚蠢的孩子
> 我见过有个孩子有时做的事
> 我不理解
> 或不按我的吩咐做事情
> 但他不是愚蠢的孩子
> 请在你说他愚蠢之前
> 想一想，他是个愚蠢的孩子，还是
> 他懂的事情与你不一样？
> 我使劲看了又看
> 但从未看到厨师
> 我看到有个人把食物
> 调配在一起
> 打起了火

看着炒菜的炉子——
我看到这些但是没有看到厨师
告诉我，当你看的时候
你看到的是厨师，还是有个人
做的事情被我们称为烹饪？
我们说有的人懒惰
另一些人说他们与世无争
我们说有的人愚蠢
另一些人说他学习方法有区别
因此，我得出结论，
如果不把事实
和意见混为一谈
我们将不再困惑
因为你可能无所谓，我也想说
这只是我的意见。

——鲁思·贝本梅尔

练习1："协助自我者"和"破坏自我者"

可以找一个同伴，一起来完成这个练习。

1. 回想起某个或某些你认识的"协助自我者"，他可以是你的家人，也可以是你的某个亲戚，甚至一次偶然认识的人。他们给了你称赞和鼓励，让你感受到自己是被接纳的、被欣赏的、有能力的、重要的、有价值的。你可以用纸笔写下来。

2. 回想起生活中的某个"破坏自我者"。他的行为处事减弱了你的自尊,让你感受到自己被忽略、不重要、做错甚至没有价值。"破坏自我者"并不一定是有意的,但还是对你造成了影响。比如说,某个小朋友的生日聚会,邀请了所有的同学,却忘了邀请你。

3. 反向练习你作为别人的"协助自我者"的经历,以及"破坏自我者"的经历。

4. 两人或三人交流自己的练习。

通过这个练习,看到别人对我们的影响,以及我们对别人的影响,并修正负面的影响,强化积极的影响。

练习2:影响轮

影响轮,又叫影响力车轮,因为它看起来像是车子的轮子和辐条。

影响轮的练习,分三个步骤。

第一步:我们首先在中间画一个圆,案主将自己的名字写在中间。然后,在自己的名字周围,一圈圈地列出其他人的名字,或者重要的环境或事物,就像车子的辐条一样。辐条的宽窄可以变化,线条有长短粗细之别,就像绘制原生家庭图一样,越粗的线条,代表越深的影响力。

第二步:在每一个分出来的圆圈里写下重要他人的称呼和名字,并在它的边上,写出3~5个形容词。

第三步:做整合。第三步是最重要的一步,需要专业的咨询师将影响轮上的特质与案主做核对,并确认哪些特质深刻地影响了案主,并成为案主的一部分。让案主通过这个练习,可以看到自己的童年资源，并在资源里感受到深刻的力量。

很多学员反馈过，这个练习让她们深深感动，也让她们看到，资源一直就在自己身边。通过这个练习，学员能够学会用另一种眼光来看待童年经历。创伤是存在的，资源同样也不少。

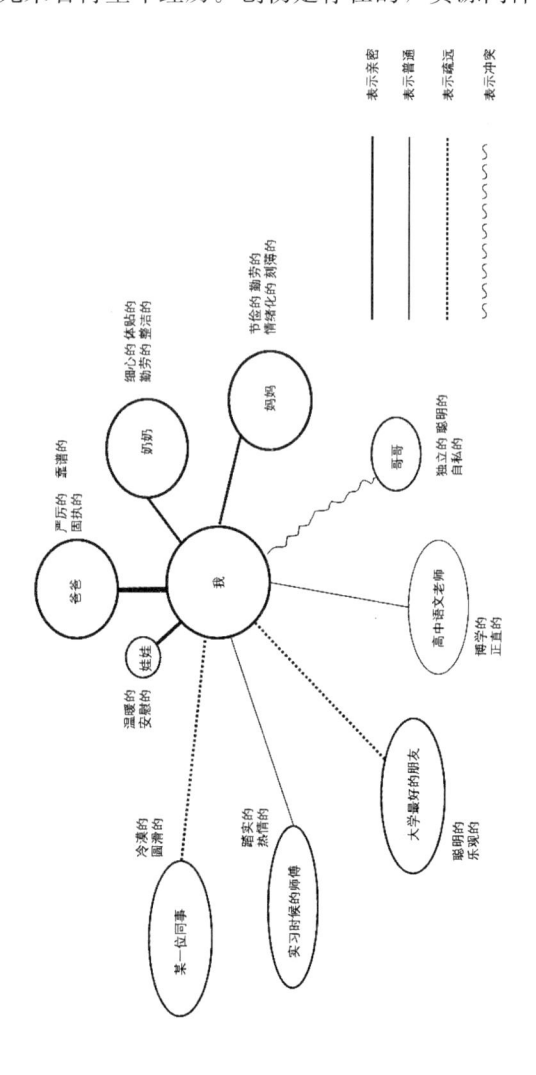

练习 3：A 与 −A 的转化

在练习本上，写下：

有人说我＿＿−A＿＿，他没有看到我＿＿行为＿＿，别人眼里的＿＿−A＿＿，其实是＿＿A＿＿。

例如：

有人说我任性，他没有看到我为了做一个选择所进行过的学习和思考，别人眼里的任性，其实是有专业程度的笃定。

有人说我随意，他没有看到我对他人的让步，别人眼里的随意，其实是我对他人更多的尊重。

有人说我懒惰，他没有看到这是我对比得失后的选择，别人眼里的懒惰，其实是放弃了与别人争执。

第四节　与父母和解

视人为人

小的时候，父母在我们心里都是伟大而神奇的，他们看起来又高又大，努力工作，饭也吃得又快又多，还会喝酒，大声说话，认识所有公交车的路线……这一切，都让我们觉得，父母厉害极了。世界上没有比他们更厉害的人。

然而，到了 9 岁或 10 岁，我们的眼睛里开始看到别的父母，谁的父亲听说赚的钱更多，谁的母亲从不打骂孩子，谁的父亲常年不在家，谁的父亲又高又帅，比自己的父亲好看多了；谁的母亲不上班，谁的母亲是开小卖部的，太幸福了，有很多零食吃……

父母的地位在我们的心目中悄然变化，但我们拒绝承认这一点。

让人闻之色变的青春期来了，父母在我们的眼里变成了可笑的、可恨的人。她的温柔是懦弱，他吃饭又多又快太丢人了；他们大声说话太没涵养，她们的窃窃私语都是娘们的废话……

再后来，我们离开了家，远赴他乡，偶尔回来，总会发现妈妈的白发更多了，爸爸的背开始佝偻了，与小时候高大威猛的形象，对不上号了。他们做事的方式，怎么会那么幼稚呢？父母怎么越来越像个孩子？

我们与父母的关系，天然纠缠着复杂的情绪，既有爱又有期待，并伴随着期待被粉碎之后的失望与失落。

很少人会有机会很客观地去看自己的父母，因为用客观——第三方视角去看，让我们觉得自己背叛了父母。尤其是，当我们发现，他们远没有我们小时候想象得那么伟岸、道德高尚的时候，我们常常会崩溃。当然，更多是相反的案例，我们原本对父母充满怨恨，但是，当我们客观地去看他们的人生的时候，却感受到了深刻的爱和谅解。

在中国，父母和子女的关系比西方国家复杂得多。因为在西方国家，很多孩子在18岁以后就独立了，很少与父母居住在一起。但是在中国，结婚生子后大部分都需要和父母住在一起，因此父母子女之间纠缠的关系要复杂得多。

寻找到一个合适的视角，去客观地看待父母，并不会对父母造成真实的伤害，对我们却帮助巨大。当我们不再视父母为神、应当无所不能，从而怀抱很多不切实际的期待之后，我们开始学会视父母为人，平凡普通的有正常喜怒哀乐恐惧兴奋的人，这个时候我们才能走上与父母和解之路。

不成熟的父母

我们对父母满怀期待的原因是，我们怀抱着一个错误的信念——你们是父母，你们难道不是应该懂得怎样做好人家的父母吗？事实是，并不是所有做了父母的人，都懂得如何做一个好父母。甚至于，只有极少数的人懂得这些方法，并且这些方法来源于他们的父母的言传身教。

一部分家庭，父母跌跌撞撞地一边学习一边实践到底该怎样做父母，有时做对，有时做错，这是常态。

还有一部分家庭，因为父母的不成熟，使得他们的孩子过早地承担了成年人的角色，比他们的父母更成熟。

琳赛·吉布森博士在《不成熟的父母》这本书中指出，如果你有以下感受，你可能就出生于一个父母不成熟的家庭：

1. 不敢肯定自己的感受，为自己不高兴而感到愧疚。由于父母只关注孩子的生理需求，而无视孩子的情感需求，孩子会逐渐感到困惑："我应该觉得快乐，我的生活那么好，为什么还会感到难过？"

2. 有"一定要照顾好父母"的念头。你甚至可能由于太疲于解决父母之间的问题而无暇去发展自己的亲密关系。

3. 有一种孤独感。你可能说不出哪里有问题，但是，小时候，你总有一种内心的空洞感。这种孤独感不单单女性会有，男性也会有。

同时，你可能觉得父母有如下的特质：

1. 和他们交流起来很困难，或者根本无法交流。他们不关心你的话题，而只关注自己感兴趣的东西。

2. 他们很少直接讨论自己的感受，相反，他们会使用情绪感染的方式来表达情感。当这一类父母觉得沮丧的时候，他们会用"让家里其他成员也感到沮丧的方式"去表达，就像婴儿通过哭闹来引起别人的注意一样。

3. 他们很难被取悦/接近。他们希望别人了解他们的需求，但是当他人要表达关心和给与意见的时候，他们又会拒绝。

4. 他们强调"角色"，他们的自尊建立在别人的服从上。情感不成熟的父母会说"因为我是你爸/妈，所以你要……""因为你是我的孩子，所以你……"如果你有一丁点不符合他们的角色设定，他们就会通过冷暴力、暴力等方式迫使你屈服，并回到孩子的角色上。

5. 他们希望和你产生纠缠的联结，而不是情绪上真正的亲密感。他们时而表现得过度依赖，没有你们不行，时而又表现得拒绝，好像你对他们一点都不重要，有没有你们根本无所谓。

生活在情感不成熟的父母的家中，是一种什么感受呢？让我们看一下 M 的故事。

M 的故事

M 是我的一个亲戚，小的时候，很是活泼可爱，嘴巴也甜，我常常邀请他来我家玩儿。他也很喜欢和我一起玩儿。后来我自己生了孩子，孩子小的时候，没有那么多时间，就走动得少了。等到我的孩子大一点，他已经快到青春期的年纪了。我邀请他到我家里来玩儿，他明显比小时候寡言多了。可是，即使话说得少了，每次邀请他的时候，我还是会感觉到他对来我家玩儿这件事，很兴奋。他有的时候甚至希望能够在我家留宿。有一次，我忍不住问他："你为什么喜欢来我们家玩儿呀？"

"因为你们家没有病人。"

这句话震惊了我很久。他的家人确实常常有人生病，每年总有人住院，不是爸爸，就是妈妈，有的时候姐姐也会莫名其妙就生病。刚开始，我习以为常，觉得可能身体不好吧。可是，当我听到 M 这么说以后，我认真去观察他的家人，发现他的家里有一个情感极不成熟的父亲，和一个奉献付出却心里有很多苦楚的母亲。这个家庭时而亲密，时而疏远。每一次都是通过"生病"的方式，把日渐疏远的关系，纠结粘连在一起。这个家，是情感生病了，而不仅仅只是身体生病了。身体生病是情感生病的外显。

M 本来是个乐观的孩子，是这个家里最正常的，可是，渐渐地，他也变得无力了。因为每个人都把希望寄托在他的身上，对他的读书有很高的要求，仿佛只要他读好了书，就能拯救这个摇摇欲坠的家。

情感不成熟父母的四种类型

吉布森博士归纳了情感不成熟父母的四种类型。她指出，虽然情感不成熟的分类不同，比如"他们都会利用自己的孩子来让自己感觉舒服，结果导致父母－孩子关系的倒置，并让自己的孩子过分介入成人之间的问题；或者都会令孩子在亲子关系中感到不安，只是不同类型的父母会通过不同的方式让孩子感到不安"。

1. 情绪型父母

情绪型父母的情绪是极为不稳定而且难以预测的。他们依赖别人来安抚自己的过分焦虑。他们会把一点点沮丧放大到世界末日的地步。在他们看来，别人不是可以利用的资源，就是抛弃了自己的人。当他们崩溃的时候，他们会让孩子也跟着自己经历激烈的绝望和愤恨。

极端的情绪型父母可能是精神障碍患者，他们可能有双相情感障碍、自恋型人格障碍或者边缘型人格障碍。与情绪型父母相处时，孩子会感到自己在钢丝上行走，小心翼翼照顾着父母的情绪。

2. 驱动型父母

驱动型父母总是会追求完美。如果孩子不够成功，驱动型父母会感到孩子令自己蒙羞，所以，虽然他们会因为忙于自己的工作而没有时间照顾孩子的情绪，但是他们很乐于花费时间和精力来掌控孩子的生活。他们会选择性地夸奖孩子，迫使孩子走上他们所设想的成功道路，而不管孩子真正感兴趣的是什么。

孩子无法从驱动型父母那里获得"无条件支持"，无法感到安全地按照自己心意探索和获取成就。生活在驱动型的父母身边，孩子会觉得自己时不时被挑错，并感到父母似乎认为成功胜过一切，包括孩子本身。

3. 消极型父母

当事情变得太过棘手时，消极型父母会收回自己的情感并逃避问题。消极型父母可能是爱孩子的，但是他们无法成为孩子的依靠。他们似乎没有意识到，为人父母的责任并不仅仅在于和孩子玩乐，还在于要保护孩子。

当家庭遭遇危机、孩子因此受伤时，消极型父母往往视而不见，并让孩子自己解决问题。比如，当父亲虐待孩子，孩子跑去找母亲哭诉，希望她施以援手的时候，消极型母亲可能会说："你爸爸只是偶尔会脾气差。"极端消极型父母发现在别处他们能活得更开心，他们会毫不犹豫地抛下原来的家庭和孩子。

4. 拒绝型父母

拒绝型父母的周围似乎有一堵墙。他们更乐于自己待着，并回避与人进行情感上的交流，如果对方坚持要获得情感上的回应，拒绝型父母会变得愤怒甚至有暴力举动。生活在拒绝型父母身边的孩子会感到，如果自己不存在，父母会过得很好；他们觉得自己仿佛是家里的累赘，并养成了轻易放弃的习惯。

不同类型的孩子，在面对情感不成熟的父母的时候，会有不同的应对方式。无论那个应对方式是什么，对孩子的成长都是有损害的。

老师，没有用

在课堂上，很多学员希望通过学习的方式，看清自己的父母，并通过沟通的方式去和父母和解。可是过一段时间回到课堂的时候，她们往往对我说："老师，没有用。"我通常会问她们是怎么做的,她们告诉我她们把课堂上学习的原生家庭理论和父母做了解释,并责怪父母对她们小时候所做的让她们至今无法释怀的行为。

这样做当然不会有用。这样做只会激起父母的自责和愧疚,对和解一点帮助也没有,反而会恶化和父母之间的关系。他们会觉得自己辛苦一辈子,到头来,只换来孩子的责怪。他们会说:"如果你觉得我都是错的,那你就不要认我这个爸妈。"或者说:"你翅膀长硬了,有本事了,现在回来责怪你的父母?"甚至于,他们会说:"我就当我喂了一只养不熟的狼,你给我离开这个家!"也有父母会因此而哭泣,也许是因为后悔或自责,但是他们并没有能力跟孩子说对不起,或者安慰孩子,他们会陷入深深的沮丧,并让成年的孩子感觉到自己再次做错了,让父母陷入困境,从而再一次重复小时候在父母面前的那种无力感。

这种"和解"无异于是在沼泽深渊中玩跳高。

吉布森博士认为如果我们真的要和父母沟通,首先必须放下那些不切实际的期望。她介绍了三种方法来帮助人们更好地和父母谈话,并在谈话时保护自己。

1. 超脱的观察

在解决问题之前,先要辨别出问题。客观地看待父母并不意味着背叛和苛责,也不意味着不孝。我们只是更准确地认识到父母就和普通人一样,有好的部分,也有坏的部分,全面地看待父母可以帮助我们意识到自己对他们是否有不合理的期待。

2. 成熟的觉察和回应

（1）表达自己的想法，同时不要强求对方的回应，说了就放下。

平静而清晰地告诉对方你想要什么、你的感受如何，在过程中享受自我表达带来的快乐，而不去期望对方真的会听进去你的话或者做出相应的改变。我们无法控制别人按我们的心意回应，他们的回应也不重要，重要的是我们成熟地表达了自己真实的想法和心情，这是我们能控制的。

（2）注意谈话成果，而不是去注重情绪的发泄。

在谈话前想清楚，我到底想通过谈话得到什么结果。这个结果必须是清晰、明确、符合实际的。你要父母为自己做过的事情后悔，这个期望可能并不实际，而"我要告诉他们今年放假我不会回家"就是个清楚可行的目标。在谈话过程中，不要把注意力放在试图改善和父母的关系上，否则你可能会失望，变得情绪化，而没有实现自己想要的结果。

（3）谈话前充分准备。

比如，想好对话持续的时间和主题。可能在谈话过程中你不得不反复地把对话带回原本的主题上，也可能你要重复地问同一个问题，才能获得对方一个清晰的答案。情感不成熟的人很难应对他人的坚持，如果反复地问同一个问题，你最终可以迫使他们不再回避。

3. 走出过去的"角色型自我"

我们不仅要超脱地观察父母，也要观察自己，理解我们的哪些行为和想法是受到父母影响才产生的。在和父母谈话的过程中，留意自己的情绪，避免变得情绪化。

另外，在谈话过程中，如果忽然发现父母似乎有所改善，要先保持警惕。面对似乎变好的父母，我们的内在小孩会高兴，认为父母似乎终于可以给我们渴望已久的爱，但记得和父母谈话的目的不是让你们的关系重新回到"父母－小孩"的模式，而是作为一个独立的成年人和父母沟通。如果你放任自己回到过去的相处模式中，你会发现父母的改善又消失了——他们的改变有时是为了引诱你重新回到他们的掌控中。

有的时候，我们也并不鼓励学员一定要去和父母做这样的沟通，因为，这看起来似乎是很难的，甚至有一些冷酷。我们也很难邀请父母来到咨询室。所以，我们常常也会借助一些咨询方法，让案主在咨询室里完成这个沟通的过程，在自己的内在与父母和解。虽然和解不是在真实生活中发生的，但是因为内在感觉它发生了，内在感受改变了，也有良好的治疗作用。

此外，在咨询室里完成这个部分的沟通会减少自己对父母的愧疚。因为无法表达而带来的不满和愤怒，是一股很强的能量。在咨询室里表达，不会伤害到真实生活中的父母，也减少了自己的愧疚和愤怒，是比较好的一种方法。

个案 A：与母亲和解

案主 A 来找我是因为她忽然感受到一种原生家庭带来的崩溃感。她是家里的第三个女儿，前面有两个姐姐，在她之后还有一个弟弟。她一直觉得自己是家里最不受重视的一个。这种体验，在这样的家庭结构中是很常见的。因为中国的大部分家庭,都还是重男轻女的。尤其到她是第三个女儿,父母基本都已经失去了耐心,这个孩子一般很容易被忽略。

走进咨询室的时候,我本来以为她要解决的是被忽略的问题。一开始的时候,确实是,她希望解决和父亲的关系问题。一般来说,解决和父亲的关系,都涉及价值感。但是在咨询的整个过程中,我们发现,母亲出现的次数非常多。所以,我转而怀疑,她真正要解决的问题应该是和母亲的关系。

她自定义和母亲的关系是很纠结的,和母亲的冲突很多。家里四个孩子,母亲有事情总是找她,而她也总是没有耐心。后来我们通过"空椅子"法做了她和母亲的对话,她才忽然发现,自己对母亲深沉的爱。三十几年来,她一直觉得自己是怨恨母亲的,因为母亲更疼爱大姐和弟弟。没有想到,在回溯童年的过程中,她发现自己对母亲有深深的爱和心疼。当她发现了这一点的时候,瞬间崩溃了,泣不成声。这个哭泣里,有惊讶的发现,也有与自己的和解。后面我就在这个发现中,为案主 A 做了整合,让她看见了自己对母亲深沉的爱,以及母亲老了以后对她的依赖。当她离开咨询室的时候,我发现她整个人都轻松了。

回去以后,两周左右,她给了一个很详细的反馈。她告诉我,她以前做事很容易焦虑,也很难拒绝别人的要求,在面对母亲的无力的时候,有很多愤怒。但是,自从她发现了自己对母亲的爱之后,她似乎被融化了。现在母亲对她有什么请求的时候，她也能够心平气和地去处理了。如果自己实在没有时间，她也可以从容地安排其他的亲人来处理，而不是像以前那样又纠结又愤怒。因为她知道，她对母亲的爱是存在的。她还告诉我，她可以试着拒绝别人的请求了，因为她清晰地看到了她的内在有一个需要被好好照顾的"小女孩"。她在照顾别人需求的时候，也需要照顾这个"小女孩"，去做这个"小女孩"的好妈妈。真是太美好的成长了，不是吗？

个案 A 的反馈

这周的感觉很神奇，之前很多的想法和情绪慢慢崩塌的感觉。比如，刚好上周六我老妈生日，我们一起给妈妈过生日，原本我姐或者我弟说一些事情，我都只是敷衍一下。这次，我就跟他们开一下玩笑，大概知道我之前对他们的怨恨只是因为我太爱我老妈，而跟老妈是不是更爱他们没有多大的关系。然后我妈让我做的一些事情我没办法马上做，后来我妈念叨我什么，我也不会像以前那样苛责自己，因为我内心很清楚我很爱我老妈，跟是不是马上做了那些事情或者我老妈有没有对我满意没有什么关系。

然后我开始尝试把自己的感觉或者需求说出来，比如开车从厦门回来，另外一辆车说不用进服务区休息，换以前，我会说那算了，我也不用了。但这次我就直接说我需要，虽然有些纠结，但是我还是表达出了我的需求。

还有就是跟先生的沟通更好了，有时候就像回到刚认识刚恋爱的那种感觉。工作方面，之前我对自己要求很高，这周我发现一些事情即使没能做成我想要的那样,我也能接受了,不会有那么大的内耗,虽然还是会纠结或者抱怨一下自己,但能马上看到自己正在慢慢尝试"可以不够好"。

一些事慢慢地在微妙地改变着,越来越能看到自己,感受到自己的中心轴,而且中心轴开始变粗,我能安定在那里,虽然偶尔还会晃动一下,但能很快又安定下来。

看到自己的这些变化,真的太好了,跟自己的内在也越来越接近。真的很感谢您。我先生也开始愿意承认我这段时间的变化。真的是自己成长了,身边的人也不一样了。

个案 B:与父亲的和解

个案 B 的原生家庭图如果画起来,简直就跟个案 A 一模一样,也是家里四个孩子,前三位都是女儿,最后有一个弟弟。案主排行老三。又一个相似的、感受到被忽略的个案。

案主主述的问题是,从小她家人就告诉她,她本来应该被送走。而且从小她就觉得自己长得不可爱,说话也不讨巧,在兄弟姐妹中,感觉是被父亲忽略的一个孩子。父亲是一个能干的、有责任感的企业家,但是她感觉自己和父亲的距离非常远,是四个兄弟姐妹中和父亲感情最远的一个。这个问题困扰了她很久。她发现,她无法很好地和父亲沟通,无法像其他孩子一样,理直气壮地向父亲提出要求。四个孩子中,只有她的职业和父亲的企业是有关系的,但是,她却感觉无法在父亲那里得到帮助和认可,每当她跟父亲表达自己对事业想法的时候，父亲总是叫她安分工作、安心生活就好，不要有太大的野心。她感觉父亲对她是不认可的，也没有什么期待。

在这个个案中，如何让个案去感受和父亲之间的亲密关系，是一个很重要的步骤。随着个案的带领，从出生到3岁、4岁、5岁、9岁……大学、成年、成家、找工作、买房子……我带案主重走了一遍人生。案主在重历人生的过程中意识到，父亲是爱她的，而且父亲是平等地爱着四个孩子，没有她所认为的偏爱，只是每个孩子是不一样的，和父亲的沟通模式是不一样的，并不是父亲偏爱其他孩子而忽略她。

在重历人生的过程中，案主看见父亲一个人用他瘦小的身躯，把一个贫穷的家庭带领成了一个庞大的家族，使大家都过上了优渥的物质生活。在这个过程中，案主看见了父亲的爱、勇气和责任感。除了感受到对父亲的崇拜，更感受到对父亲深深的爱和心疼。她和父亲之间的联结瞬间就打通了。父亲从遥远对岸，开始走到她的身边。在治疗室里，她完成了和父亲的和解。

个案 B 的反馈：我的神奇个案之旅

从我 2016 年第一次上成长课，我意外地发现自己的弃婴心结对我有很大的影响。3 年时间，我学习着把问题和责任归于自己，遇事多从自己身上找原因，找解决方案，少要求别人，欣赏自己的原生家庭。应该来说，我成长得不错，大胆地挑战了许多任务：硕士实验和论文，学习英语，备考博士，买房子，卖房子，调岗位。这期间遇到的困难令我觉得岁月漫长。我也感受到自己的成长，成长就像是一个正反馈系统，达成一个目标，引诱你挑战下一个成长目标。

同样地，对弃婴心结的问题，我解决了大部分，因为父母对我很好，我也明白当时的无奈——人在江湖，身不由己，那样的环境下，送走一个女儿的行为完全可以理解。但是，渐渐地，我发现没有解决的小部分弃婴问题对我的困扰越来越大，甚至隐约感觉到我和父亲沟通上的力不从心，我对自己缺乏信心都和这有关。我想通过学习沟通技巧找到解决之道，但收效甚微。

我其实不知道云上老师会带我走一段什么样的心灵之旅。但是我选择尝试。很庆幸自己没有临阵脱逃，跟随老师，做了一个半小时的个案心理治疗。

云上老师问我，个案目的是什么。我说，一是和父亲的沟通有困难。我觉得我在家庭里是可有可无的，而且我如果不优秀，就更会被我爸忽视，所以我要很努力变得优秀。二是我未来想做的事情要折腾，但是我爸要求我安稳过日子，不要瞎搞，这让我非常彷徨无奈，觉得前途困难，书也念得不明不白的，总觉得自己是混进去的。

云上老师说，你爸和你一个人的沟通模式是这样，还是和四个孩子都这样？你横向比较觉得自己不被重视和喜爱的日常生活事例是什么？我回答，都是一样的沟通方式。

然后云上老师叫我闭上眼睛，想象我在襁褓里被讨论要不要送人的场景。我看见一个哭泣的母亲抱着我，一个年轻焦虑的父亲看着我，一堆人围着我们。我想对那个年轻的父亲说什么？我想对他说，孩子是你养，又不是别人养，听他们的干什么呀。我很心疼他，面对那么大的压力，那么多人的劝说，那一刻，他要做出一个送人的决定，可能性更高，更容易，更合情合理。可是最终，并没有送走。

我对这个娃娃说，你很健康，你很强壮，你没有错，你要好好长，用力长，35年后的我会感谢你。我牵着这个娃娃的手，带着她走到4岁，家里着火，父母尽力救出我和弟弟。5岁，她得了肝炎，父亲拿出所有的钱给她治病，母亲抛下其他孩子，带着她一人四处求医。上小学时，家里举债租房进城念书，四个孩子只要能念书就供，母亲甚至不敢吃饱，家里常常吃面条省菜钱。然后是工作，成家立业，对每一个孩子，父母都是尽力而为，并无差别。对我，他们其实一点都没有把我当作要送人的孩子来对待。

他们口头上说的，说我不乖，说我不好，就要把我送人，但他们行为上从来没有这样做。他们为什么要这么说？看看这35年，父母经历的艰辛，我非常心疼他们。在那样的条件下他们能把四个孩子养活，已然艰苦，怎么可能有时间和精力去学习精细地照顾孩子的情绪？这是一个不合情理的要求。他们，尤其是我爸，可以退一步，不要那么冒险，不要那么拼命工作，为什么这么努力，这么吃苦，要争取这一切？

谢谢爸爸这么爱我们，爱这个家。谢谢你的责任感。

> 我很幸运,有一个这么顽强,这么坚强,这么爱孩子的父亲。谢谢你。
>
> 至此,我终于站在你身边,看见你的苦和你的爱。我真的原谅你要送掉我这件事。我不是多余的,我和我的兄弟姐妹们一样,都被你深深爱护。
>
> 这一刻,我脸上已有光。佛说,宽恕别人,就是宽恕自己。我原谅那个年轻的父亲,我也解脱了。

这个个案的过程,我印象很深刻,因为我是看着她一脸丧气地走进咨询室,脸上一团乌云,她告诉我这个问题困扰了她半年多。但是,仅仅是在个案咨询的这一个小时里,当完成和父亲的和解之后,她的脸色整体明亮了起来。真是一个神奇的改变过程。

其实,每一次个案,我都会被案主感动,我会发现,每一个案主都是这样的善良,只要带他们看到他们不曾注意到的部分,他们都会愿意放下,从而走上正向的成长之路。这种感觉真的是太好了。

第五节　教养假设真的成立吗？

> 北美和欧洲的家长，尤其是那些受过良好教育、经济条件较好的家长，他们仔细阅读专家的建议，并不折不扣地执行。这些家长和他们的孩子还参与一些，来证明专家的建议是对的。其实，建立在一系列儿童和父母假设上的不确定的、因果循环的构架是我们文化和时代中特有的。这些假设如同空中楼阁。
>
> ——〔美〕朱迪斯·哈里斯《教养的迷思》

本书的主要内容其实在 2020 年就已经写作完毕，迟迟没有出版的原因是，我有一些担忧，我担忧如果我的观点过于倒向一面可能会影响到读者的认知。2021 年，我自己践行一些新的内在练习，逐渐发现了一个新的现象：相反的观点也是正确的观点。

这在个人的"小我"的视角，十分难以理解和接受，我们当然是因为接受了 A 观点，所以才不接受反面的—A 观点的嘛。可是，如果能够把"我"上升一个维度，会发现，存在截然相反但同样正确的观点，是很正常的事。

但是，在现实生活中，让一个人接受 A 与—A 的观点同时正确似乎是很难的事。这就好像我们以为我们可以同时感受到左右手，事实上，大部分的人只能分别感受到左手或者右手。当你闭上眼睛试图去同时感受左右手的时候，你发现是很难做到的。

很难做到不等于做不到。

这里的教养假设，指的是原生家庭对一个孩子的成长有显著的影响这一观点。关于原生家庭对一个人的影响，我们当然也需要截然相反的观点。把这一点做到极致的是美国朱迪斯·哈里斯的研究，她的《教养的迷思》一书直接对传统心理学界发出了一个巨大的挑战：父母的教养方式能否决定孩子的人格发展？我们也可以把这个问题置换成，原生家庭是否能够决定孩子人格的发展？

直至 20 世纪中叶之前，心理学家们并不研究教养方式对儿童的影响。这并不奇怪，因为把儿童研究作为一个专门的学术领域，在心理学中出现得比较晚，而且，最开始的时候，研究者们聚焦的是儿童的共性特点。直至 20 世纪 50 年代，现代发展心理学的研究者们才将视角从研究儿童的相同之处转向研究儿童的不同之处。

今天我们耳熟能详的说法，即从孩子的差异中可以追溯他们父母不同的教养方式，这种观点在当时却是非常新颖的。

原生家庭会对孩子的人格造成影响，最早发源于弗洛伊德。弗洛伊德给我们描绘了一个清晰的场景：成年人的心理疾病大部分可以追溯到年幼时发生在他们身上的事情，他们的父母对此负有不可推卸的责任。弗洛伊德最有名的假说之一就是俄狄浦斯情结，即男童的恋母情结。反之，女童也有恋父情结。并且他认为母亲是引发儿童早期两大危机——断奶和如厕训练——的罪魁祸首。

弗洛伊德的理论影响了大量的心理学家，很多人试图找到科学依据来支持弗洛伊德理论，但都没有成功。可是，这并不妨碍后续的心理学家不断地沿用、深化他的假说。

人们在父母的教养方式对孩子的影响这个领域研究了数十年，直至达成了某种大众共识。国内知名的知乎论坛上出现"父母即祸害"的讨论，万人跟帖，证明了大众认知对这种理论的追捧。

当我深深地相信 A，即童年的经验极为重要，而父母在其中扮演了重要角色时，我也认为这个结论在某种程度上是没有问题的。

可是当我转向－A 的研究，我忽然意识到：这是真的吗？这真的是真的吗？在个案中表现出来的现实，可以理解为"事实为真"，还是只不过是"解释为真"？也就是说，我们是先有了这个假说——我们现在的问题或不幸，绝大部分是由父母造成的，然后就会不断地去找证据验证这个假说。

可是如果我们反过来想呢？我们现在的幸运，也是由父母造成的。或者再转得彻底一点，我们现在的境遇与父母毫无关系。我们是否也能够找到足够多的证据加以证明？

答案是肯定的。无论你选择哪个假说，都有无数的证据可以证明这个假说是成立的。

如果无论从哪个假说出发，都可以找到无数证据可以证明此假说为真，那么这种假说证明法就是无效的，因为它无法证明什么。难怪有人说心理学不是科学,因为它无法证伪。

心理学当然有很多科学的成分,符合科学证明的路径。但是,在现象的这个部分,我们只能仁者见仁,智者见智了。

行为主义理论是继弗洛伊德理论之后影响力最大的一个心理学研究方向,它绝大部分摒弃了弗洛伊德的学术思想:性和暴力,本我和超我。但在儿童发展方面却保留了弗洛伊德的基本假设,即童年的经验非常重要,而父母在其中扮演了极其重要的角色。他们走得更加极端,直接认为父母不是影响儿童,而是可以"塑造儿童"。

最著名的说法就是行为主义大师约翰·华生(John B. Watson)提出的:

> 给我一打健康的婴儿,让我在特定世界中将他们抚养成人。我保证随机挑选一个,就能把他训练成我想让他变成的行家——医生、律师、艺术家、大商人,哦,是的,甚至乞丐和小偷,无论他们的才智、爱好、性情、能力、素质以及他们的种族如何。

当然他没有成功,没有一打婴儿送来给他做实验。好在他没有成功。后来人们发现,华生的两个孩子都患上了严重的抑郁症,其中一个儿子在 30 岁时就自杀了。

每次当我在回溯心理学对儿童的研究的时候,我的内心都会升起感恩,会感恩心理学研究来研究去,在 200 多年以后,对儿童友善和尊重了很多。

随着心理学家们的研究越来越聚焦在父母的教养方式对儿童具有深刻的影响这个假说上,我们获得的证据似乎也越来越多。直到最后，人们不再对此提出质疑，而是把这个假说当成"前置真理"，然后展开新的研究。也就是说，心理学界普遍开始把"家长影响孩子的发展"作为一个共识，而忽略了最开始它只是个假说。

尽管大部分心理学家采纳了这些假说，但是依然有部分研究者在研究中发现了不同的证据。

1983 年，斯坦福大学教授埃莉诺·麦科比和她的同事约翰·马丁发表了一篇篇幅较长的社会化研究综述的论文，最后得出一个结论：

> 这些发现强有力地说明，父母给孩子提供的物质环境对孩子的影响很小。父母的基本特质，如父母的受教育程度、夫妻关系的好坏等，对孩子的影响也很小。研究结果表明，要么父母的行为对孩子没有影响，要么父母的行为对不同的孩子有不同的影响。

要么父母的行为对孩子没有影响，要么父母的行为对不同的孩子有不同的影响。如果前者为真，那么几十年来关于教养假设的理论就是错误的，无数的研究都将灰飞烟灭。

没有人会选第一项，甚至可以说，没有人敢去选第一项。这让我想起了王东岳先生说的一句话：我们都是活在思想家们为我们塑造的思想通道里。也就是说，我们并没有自己的思想，我们的思想不过是在那些大思想家们为我们设定的边界里。

心理学研究也是如此，如果认同教养假设的理论，那么教养假设就是我们的思想的边界。极少有人会去挑战边界。因为挑战边界的目的是塑造一个新的边界。如果新的边界尚未被确立，旧的边界又已被打破，那么我们该往哪里去呢？会不会掉下认知的悬崖？

大部分人选择了第二个选项——父母的行为对不同的孩子有不同的影响。后来者的大量研究开始转向这个方向。表面看起来，似乎是研究得越来越深入了。然而，如果我们跳出来看，就会发现研究的视角越来越窄。

我们不敢走向教养假设——父母的人格对孩子有深刻的影响——的反面，只能顺着这一个方向走向越来越狭隘的证明，直到我们找到答案为止。但是，只有我们穿越时空，才会发现，最后那一点可怜的证明毫无用处，因为它只证明了一部分人群，对大部分人其实是失效的。

循着教养假设的第一个共识，即父母的人格对孩子有深刻的影响这个方向继续下去的研究中，1967 年，发展心理学家戴安娜·鲍姆林德（Diana Baurind）的研究得到了欧洲及美国中产阶级的青睐。她将教养方式划分为以下三种类型：专制型、放纵型和权威型，并认为权威型父母培养出来的孩子更适应社会大环境的需求，发展得更好。

如果我们深深相信 A 观点，那么这个结论一定是我们喜欢的。然后，我们作为父母，就会去看很多教养方面的书籍，以使我们可以成为权威性父母，并假设如果我们做到了，我们的孩子会发展得更好。

这一点问题也没有，因为在没有认真研究－A 之前，我就是这个理论的深度信奉者，并且我也在自己身上不断寻找证据证明自己就是权威型父母。

如果我们可以从更广阔的视角来透视这个研究，我们会发现，这种教养方式不过是一种文化所认可的教养方式罢了。这是欧洲以及美国中产阶级家庭比较认可的一种教养方式。一种受到某一个文化群体认可的教养方式不等于是唯一正确的教养方式，只是一个你想要追随的教养方式。

中国改革开放二三十年之后，引进了很多这方面的书籍，也带动了中国的中产阶级信奉和追随这种教养方式。

当我站在全局的视角去反思我们的行为的时候，看到我们行为背后的思想完全受到了专家们的塑造，这真的让我不寒而栗。

我们追溯了 A 观点的整个血脉史，让我们来看看－A 的结论。

"教养假设"还是"情境效应"？

人格心理学詹姆斯·康斯尔（James Council）做了一个实验。他让一组被试人员填写一份关于童年的创伤经历的问卷，如身体虐待或性虐待，紧接着，让被试人员填写人格测试量表，发现被试人员的童年创伤与情感问题之间有显著的正相关。康斯尔又做了一个反向实验，也就是让另一组被试人员先填写人格测试量表，然后再填写童年创伤问题，结果发现两者之间不存在相关关系。

什么意思？这似乎意味着，童年创伤与情感问题之间的相关性似乎在某种情境暗示的情况下才会发生。

如果你想证明童年的创伤会导致成年之后的情感问题，你可以采用康斯尔的方法：让被试回顾童年创伤，然后立刻对他们进行人格测试。另一个更好的方法是，把他们带回经历创伤的地方，对他们进行人格测试。然而，你所证明的不是童年创伤扰乱了他们成人之后的心境，而是证明了情境的力量。

当行为遗传学家研究人格时，他们让被试在教室或实验室里填写问卷，他们发现被试的家庭对他们成年后的人格没有影响。如果行为遗传学家想要发现家庭环境效应的话，他们应该将被试带到他们生长的家庭环境中，对他们进行测试。但他们所证明的不是童年生长的环境对成年后人格的影响，而是情境的力量。

如果你不再回家了，那么你在家中养成的人格可能会永远消失……大多数人还是会回家。当他们一踏入家门，听到母亲在厨房问："是你吗，亲爱的？"他们以为自己已经长大成人，但已经被抛弃的人格却立刻回来找他们了。在外面，他们是体面的成功人士，一旦回到家中，坐在餐桌旁时，他们马上就像过去一样，开始争吵和抱怨。

——〔美〕朱迪斯·哈里斯《教养的迷思》

这个观点有效地解答了我的一个疑惑，我的学员总是会问我：为什么在我结婚或生孩子以前，很多困扰我的情绪问题都没有出现过。这些奇怪的问题似乎都是在结婚和生子以后出现的。

原生家庭的问题，似乎在我们没有结婚生子之前，并不表现得特别突出。可是一旦我们有了家庭，各种奇怪的问题都会自然出现，而最终关于这些问题的最好解释就是原生家庭的影响。这么看来，与其说是教养假设成立——原生家庭对我们有深刻的影响，不如说是情境对我们有深刻的影响，婚姻和养育会把我们带回到童年的某些情境中去，从而唤醒曾经在类似情境下产生的情绪、情感、想法，让我们觉得自己似乎深受原生家庭的影响。

如果这个情景效应的假说成立，我们只需要回到情景状态下重新定义故事，或者尝试改变自己的情境，就能够解决很多问题了。

这再次证明了，人是有选择的。我们可以选择受情境效应的摆布，也可以学会摆脱情境效应。

原生家庭的教养假设只是创造了一种情境，在任何一种情境下，人都是有选择的。选择的主动权在个人，这个观点对于我们，尤其重要。

教养方式是文化的产物

前面我们提及了近几十年来，"权威型"的教养方式在欧美中产家庭颇受青睐的原因是，这是他们的文化认同的方式。近十几年来，这种教养方式也逐渐影响了中国的中产阶级家庭，那是因为中国中产阶级父母所受的文化影响也正是来源于大量的欧美家庭文化思想的传播。

教养方式是文化的产物，而不是天然为真的科学。

> 出于两个原因，我们应该关注孩子：一是因为作为个体的孩子，有被善待的权利；二是丹西克所说的"意识形态的教条"，即成年人的生活很大程度上取决于他们的童年经验。信奉这个教条的人也相信，专心投入的父母对孩子的未来有重要的决定性作用。
>
> 教养假设与当今社会普遍存在的、独特的家庭生活方式和儿童教养方式密切相关。这种模式要求孩子生活在只有母亲、父亲以及一个或多个兄弟姐妹构成的核心家庭中。父母是孩子的主要照顾者，他们给与孩子大量的爱、关注，以及必要的纪律约束，所有的教养细节都发生在家庭内部。朋友和亲戚可以来家里做客，但只有核心家庭的成员居住在家里，祖父母是例外。总之，正如家庭历史学家塔玛拉·哈雷文（Tamara Hareven）所说："现代家庭具有私密性、核心性、内部性以及以孩子为中心等特征。"
>
> ——〔美〕朱迪斯·哈里斯《教养的迷思》

这与中国当下中产阶级家庭的情况多么相似。我们从不否认教养假设有他存在的现象学基础。但是，我们同样无法否认，相反的观点同样成立。

第四章　内在小孩

第一节　什么是内在小孩

不要为小时候没有吃到的一个包子哭泣

有一段时间，我有金钱的焦虑，我会提醒自己不可以大手大脚，并且为自己制定了比过去严格的财务目标。在此之前，我是一个大手大脚的人，不大在意自己的财务状况。

我反思了一下，可能和我看了《30年后你靠什么养活自己》这本书有关（这本书，我推荐了无数遍，值得每一位妈妈看一下）。但是我相信，应该不止这些，一定还有一个"冰山"是我自己要去觉察的。

于是，我为自己画了一座冰山，在画到期待的时候，发现自己的期待竟然是，我可以自己掌控金钱。

我在想，这个期待是哪里来的？它一定与童年的某种经历有关。忽然，一个想法和画面跳入我的大脑：这和我小的时候被严格管控零花钱有关。这是一个关于金钱的"创伤"。

小的时候，我的父亲很严格，对我们的时间、空间、金钱、学业都有严格的要求。尤其是在金钱上，小学的时候，是绝对禁止有零花钱的，那时大家都没钱，也没有什么要买的，没有零花钱，并不觉得有什么问题。可是到了上初中，就不同了，那个时候物质生活水平开始提高，学校门口开起了小卖部。

我记得，小卖部每天上午 9 点多钟课间操以后，会卖老板娘做的包子。当时小卖部可真是个好生意，老板娘大概是校长的亲戚，或者哪个老师能干的老婆。包子太好吃了，以至于课间操结束以后，有零花钱的孩子就会疯了一样地冲向小卖部，购买 1 元钱四个的包子。生意好到老板娘需要雇佣 3~4 个人一起帮她做包子，才可以供应这些青春期容易饥饿的孩子。

每次看着有零花钱冲向小卖部的孩子，我都有一种难言的落寞。因为我的父亲绝对禁止孩子有零花钱。想尝一尝包子有多么好吃的执念，维持了很长的时间，隐约记得到了初二的时候，父亲终于大赦开恩，给了我一周 5 毛钱的零花钱，而我做的第一件事，就是冲进小卖部买包子！真香！热腾腾的肉包里还裹着白菜。那个味道，至今还能回味。

遗憾的是，在记忆里，似乎小卖部后来不让卖包子了，只有一些中规中矩的零食。

当我回忆起这些，忽然看到一个落寞的女孩，那是背着书包穿过小卖部的走廊，假装闻不到包子的香味，却一步一回头的自己。

小卖部太有心机了，开在孩子们上学放学的必经通道上，不仅课间操时间卖包子，放学以后也卖包子。哎，我这被包子统治的青春期啊。

当我看见了这个"小孩"，我闭上眼睛，默默看着她，走向她，蹲下来，拉着她的手，对她说："你很想吃这个包子，对吗？"

小女孩点点头。

我摸摸她的手告诉她："我也很想吃，我知道它很好吃。你很羡慕那些孩子们，是吗？"

小女孩依然点点头。

我对她说："你真是个乖孩子。告诉你哦，你是一个学习很好的孩子，只是你的爸爸妈妈真的管得很严，但是你依然会长大，长大以后，你变得很有能力，你赚到了很多钱，能买得起无数的包子，你相信我吗？"

小女孩点点头。

我告诉她："所以，回家吧，不要难过。回家好好吃饭，爸爸妈妈很爱你，只是他们真的管得比较严，小时候，你会很不舒服，觉得不自由，但长大以后，你会感激他们。"

果然，那个女孩高高兴兴地扭头回家了。

我在想，如果不是我自己在给自己做"内在小孩"的治疗，而是一个咨询师和我沟通这个部分，我可能真的会哭吧。

内在小孩被看见和疗愈的喜悦，真的有一种世界豁然开朗的感觉。

无论是在课堂上，还是我自己在疗愈自我的时候，我经常使用"疗愈内在小孩"的方式来帮助自己或学员。每一个"内在小孩"长大，都意味着现实生活中的自己又一次成长了。

快乐的内在小孩

我记得自己读博士时有个阶段，非常沉迷于写小说，而小说的素材大多都是小时候的事情。

我回忆起自己生活的大山,在一个茂密的果林场里,独自长大,非常寂寞,却又非常快乐。大自然是我最好的朋友,花花草草里有无限的自由和快乐。

有独自玩耍的小孩,有在溪边捉鱼的小孩,有爬上高高的大树的小孩,有作弄大人的小孩,有自己做饭的小孩,还有一个人凝视大山的小孩。

有的时候,边写边笑;有的时候,边写边哭。

那个时候,其实,我还不知道心理学的作用机理,只不过因为现实生活中积压了很多情绪,所以通过写作的方式排解。每当我看到童年那个快乐的自己,现实生活中难过的自己、悲伤的自己、寂寞的自己、受挫折的自己就可以得到疗愈。

现在我意识到,原来那时我是在用童年的那个善良快乐自由的内在小孩,治疗那个悲伤难过的成年的我。

内在小孩,不是只有创伤,还有资源。在做内在小孩练习的时候,不仅要看到创伤的一面,还要看到资源的一面。

有一次,我们在课堂上做内在小孩的练习,很多同学都看到了童年的创伤,可是有一个学员却说,她看到一个快乐的无忧无虑的自己,但是,成年的这个自己,居然不敢去面对童年的那个自己,因为她认为长大以后的自己做得不够好。于是,我就让她把童年那个快乐的自己唤到身边,让童年的自己来安慰现在的自己,告诉她会一直守护着她。在做完练习后,她感觉好多了,并且告诉我,没有那么多迷茫了,她会好好努力的,不负童年的自己。

什么是"内在小孩"?

在心理治疗领域,最早讨论"内在小孩"概念的是荣格,而第一位正式使用"内在小孩"这个词汇的则是米西迪(W. Hugh Missildine),他在1963年出版的 *Your Inner Child of the Past* 一书中,以整本书讨论"内在小孩"概念及治疗方法。

然而,内在小孩治疗法并不是一个统一的理论或方法,后来越来越多的治疗师,使用他们自己的手法来针对不同角度的"内在小孩"进行治疗。

不同的学者或理论对"内在小孩"的诠释并不一致,但大体而言,大家接受"内在小孩"是一种隐喻,不同流派之间的主要差异在于,所隐喻的对象不同。根据隐喻对象的不同,内在小孩大致有五种类型。

第一种类型——内在创伤

这也是心理咨询中最广泛运用的一类,就是将内在小孩隐喻为过去的创伤记忆。有些咨询师在做内在小孩治疗的时候,会将创伤记忆依据时间前后细分,有些咨询师则以一个儿童整体的自我状态代表所有的创伤记忆,做法不同,但指向的治疗结果都是相同的,即通过对创伤的看见和疗愈,帮助来访者提升自我状态。

第二种类型——赤子之心

第二种类型是将内在小孩隐喻为童年期未受伤的自我状态。

持这种观点的治疗师以米西迪为代表。他是第一位正式使用 inner child 一词并以整本著作讨论"内在小孩"概念的人。他认为内在小孩类似所谓的赤子之心，是未受伤害的童年期的自我状态。持这种观点的咨询师，会以帮助案主"找回童心"的方式进行治疗。

第三种类型——神圣小孩

第三种类型的观点，以心理学家荣格为代表。他除了用"在里面的小孩"来描述儿童原型之外，也用"神圣小孩"（divine child）来形容人的超越意识。这个神圣小孩是超越于人性的一般力量的，他同时兼具痛苦与超越两种特性，既能够面对现实的痛苦，又能够感受到世界本源里所存在的超现实的力量。

以上三类"内在小孩"已经包含了三个重要的治疗目标：治疗创伤、恢复本性与超越存在。

第四种类型——次人格

这一类型的学者将内在小孩理解为一种次人格。他们认为，一个人会有一个主人格，但是为了生存需要，他还会发展出很多次人格，比如：受害者、拯救者、超人、灰姑娘、小公主……人的心理状态会出现问题，是忽略了自己次人格的存在，或者否认自己的次人格，心理咨询通过帮助案主整合自己的次人格，来达到治疗的效果。

第五种类型——疗愈过程

这一类型的观点，是将内在小孩理解为一种从受伤到康复的过程。在治疗过程中，通过与咨询师的互动让案主感受到关系可以是接纳、平等、开放的，因而转变面对自己和他人的态度。在这个类型中，最重要的是整个关系改变的过程。

在实际上课和做咨询的过程中，我会发现，"内在小孩"常常是学员或案主情绪化的根本原因，大部分的人没有意识到这一点。她们会突然发火，有时候又莫名其妙地哭泣，或者在一个相类似的事件上，反复地受到情绪扰动……这往往都是因为一个"内在小孩"被触动了。

第二节　内在小孩是如何形成的？

在现实的课堂和治疗中，我比较常使用的是第一和第二种内在小孩的类型，也就是内在小孩的创伤与资源。

创伤的内在小孩

创伤的内在小孩，形成于童年时期。因为在幼年时期，我们是很弱小的，有很多需求无法得到满足，而我们又无法合理地对其进行解释，就会形成一个个"受伤"的内在小孩。随着我们长大，虽然当初那些让我们"受伤"的事件已经不复存在，但是，那些"受伤"的感觉，却停留在我们的身体里面，久久不去。长大以后，如果有一些事件或人物唤醒了那些"受伤"的感觉，我们就会进入孩童状态，无法面对现实，无法像一个成年人一样处理问题。

正念的倡导者，越南僧侣一行禅师，有关于内在小孩非常慈悲的描述。

> 每个人内在都有一位年幼且受伤的小孩。所有人在童年都经历过困难，甚至创伤。为了保护自己，防备将来再受痛苦，我们尝试忘记从前的痛苦。每次触及痛苦的经历，

我们都以为自己会无法忍受，因而将感受与记忆深深埋藏在潜意识内。几十年来，我们可能因此不敢面对自己的内在小孩。

但是，忽视这个孩子并不表示他不存在。这位受伤的小孩一直在那里，期待着我们的关注。小孩说："我在这里，我在这里，你不能避开我，你不能逃离我。"我们将小孩遣送到内在深处，并尽量与他保持距离，希望借此停止我们的痛苦。但逃离并不能停止我们的痛苦，反而是在延续痛苦。

受伤的内在小孩向我们请求关爱，但我们却做着相反的事情。因害怕面对痛苦，我们选择了逃避。我们无法面对内在纠结的痛苦与悲伤，即使有时间，我们也不愿回顾自己的内在。我们情愿让自己持续接触外在的刺激：看电视或电影，参加社交活动，喝酒或吸毒——因为我们不想再次感受以前的痛苦。

受伤的小孩就在那里，但我们并不知道；受伤的小孩在我们的内心是事实，但我们却觉察不到他的存在。无法觉察，即是无明。那小孩也许正受伤严重，急切地需要我们回到内在，但我们却选择了远离。

无明，存在于我们的身体和意识的每一个细胞内，就像一滴墨汁融入一杯水之中。无明导致我们看不到实相：它会驱使我们做出愚蠢的事情，让我们受到更多的痛苦，也令内在的小孩再次受到伤害。

受伤的小孩也存在于我们身体的每一个细胞之内，我们身体中没有一个细胞不存在这个受伤的小孩。我们不需要为了寻找这个小孩去追忆从前，只要深入地观察自己，就能感受到。受伤小孩的痛苦就在当下，就在我们的体内。

然而，正如痛苦存在于身体的每一个细胞一样，祖先传递给我们的觉醒、理解与幸福的种子，同样也存在于我们的身体之中，我们需要运用它们。我们内在有一盏灯——正念的灯，我们随时可以点亮它。我们的呼吸、脚步以及平静的微笑，都是点亮这盏灯所需要的油。我们必须点亮正念的灯，用光明驱散黑暗，让黑暗终止。我们的修习就是要点亮这盏灯。

当我们开始察觉自己遗忘了内在受伤的小孩的时候，我们会对这个小孩充满慈悲，也因此生出正念的能量。正念步行、正念静坐和正念呼吸的修炼，是我们修行的基础。通过正念呼吸和正念的步伐，我们能够滋养正念的能量，并唤醒存在于身体细胞内的觉醒智慧。正念的能量将拥抱和疗愈我们，同时疗愈我们内在受伤的小孩。

——一行禅师《与自己和解：治愈你内心的内在小孩》

在课堂和个案咨询中，我常常使用"治愈内在小孩"这个方法，每一次，当我看到案主接纳了自己内在那个曾经无法接纳的内在小孩，我都会在案主的脸上看到倾泻的眼泪和如释重负的解脱。在这个世界上，谁都可能放过你，唯独你自己常常不肯放过自己。接纳内在小孩，接纳那个小的时候可能不是做得很好，却是非常无辜的自己，是一种非常好的疗愈方法。

幸福的小孩

托尔斯泰在《安娜·卡列尼娜》这本书的开篇写道：幸福的家庭都是相似的，不幸的家庭各有各的不幸。

这句话用在内在小孩身上，也是适合的。幸福的小孩，都是相似的，不幸的小孩，各有各的不幸。

美国的几位心理学家，在上个世纪做了一项关于纵向母婴研究的跟踪调查。这个项目由西尔维亚·布洛迪于1964年发起，历时30年，研究了76位被试者。

1963年，布洛迪和阿克塞尔拉德成立了一个临床培训助理小团队，开始大规模的前瞻性纵向研究，试图确定母婴关系对情感发展的独特意义。格兰特基金会和美国国家卫生研究所提供财政支持，131位待产母亲回应了招募"婴儿发展研究"志愿者的号召。她们是社会的一个缩影，来自纽约各个不同的社会经济群体，属于不同的种族，拥有不同的宗教信仰。

因为资金不确定，布洛迪和阿克塞尔拉德最初不确定他们能够跟踪被试者多久，令人意想不到的是，这个项目竟然持续了30年，在布洛迪去世之后，由新的心理学家继续跟进，他们是亨利·马西和内森·塞恩伯格。感谢他们在项目完成之后，将整个过程记录下来，收录进《情感依附》这本书，书里分别对跟踪调查的孩子的状况进行了整理。

这真是个了不起的项目，耗时如此之长，如果我们知道他们是如何工作的，会更加敬佩心理学家们为了解释一个现象或者探索一个真相，所付出的卓绝努力。

在项目早期的时候，布洛迪和阿克塞尔拉德的研究可以说是前所未有的，这是有史以来第一个如此完整记录儿童前七年生活的项目。他们拍摄了大量喂奶时的母亲和婴儿，还拍摄了母亲和正在成长的孩子一起玩耍的情境，并且记录了孩子出生时的神经成熟度及几乎每年的认知增长。在孩子生命的第一年里，研究人员还要多次采访母亲，此后是定期访谈，主要是确定母亲的状况，她养育孩子的艰辛和担忧，她的内部冲突，她的知识、信念和实践以及抚养孩子的快乐。

后来，他们还在研究中增加了心理测试、儿童观察、校访、教师访谈及不定时的家访。研究人员不仅记录了孩子们是如何建立他们独特的防御机制，也记录了他们的主导情绪、个人特长、他们的矛盾和焦虑以及与兄弟姐妹、父母同学之间的关系。

孩子 4 岁的时候，父亲开始加入该项目。他们接受深度访谈，每年一次，直到孩子 7 岁。

在大多数的案例中，孩子们 7 岁时，研究者们会与这些家庭告别，直到他们 18 岁再回访。当然，也有一些父母会主动来访，分享孩子的进步或者因为担忧孩子来寻求建议。

早期的时候，他们出版了三本书，呈现了 18 年来的研究成果：

婴儿期：《婴儿期焦虑和自我形成》（*Anxiety and Ego Formation in Infancy*；Brody & Axelrad，1970）

7 岁：《母亲、父亲和孩子》（*Mothers, Fathers and Children*；Brody & Axelrad，1978）

青春期：《性格的演变》（*The Evolution of character*；Brody & Siegel，1992）

每个研究阶段都发现，母亲在孩子 1 岁时的养育是否适当，在许多方面持续影响着他们的心理成长。在 1 岁时，母亲照顾更周到的儿童在认知和运动上的发展显著优于母亲照顾不当的孩子；在情绪上也更稳定，同情心、好奇心、耐挫力更强，更少的焦虑和紧张。

在 7 岁的时候，母亲更有亲和力，孩子则表现出更好的自尊和人际关系，焦虑和病态的防御更少。

到了 18 岁，更高效能的母亲对孩子的持续成长起到更好的推动作用，性心理也发展得更为健全。

在 18 岁的最后一次见面中，布洛迪就告诉每一位被试者，提醒他们，在他们 30 岁的时候，会再次联系他们进行后续的访谈。

1994 年，继任的研究者再次与这些被试者见面，一起探索他们记忆中那些在童年早期令他们感到安全或威胁的经历，来探寻孩提时对父母的依附关系。研究者们还访谈了被试者高中以后的生活——教育、工作、人际关系，还询问他们生命中的早期记忆、对未来的志向等。

致敬这些研究者们，致敬半生的坚持和无数的录影带。这些珍贵的记录告诉我们，父母是如何影响孩子的，我们怎样才可以养育出一个幸福的孩子：

1. 父母镇定，善于反省，专注，把孩子当人看待。
2. 父母两情相悦，感情深厚。

3. 母亲温柔、慈爱、热情并富有同情心；或者说，她能够感受孩子的感受。

4. 父母为孩子积极的能力（自信/进取）感到骄傲。正如一个母亲在孩子哭时表现的那样："她清楚地表达了她的情感。"

5. 父母为孩子的创造性和独立性感到愉悦。

6. 父母强调纪律而非惩罚。"纪律"与"学徒"的拉丁语词根相同，这表明父母应该为孩子做出榜样，孩子追随父母生活的脚步。

7. 至少在最早的几年，父母应该密切关注并且参与孩子的生活。

如果父母做到了上述几点，那么大概率会养育出一个幸福的小孩。但是，弗洛伊德曾经说过：无论拥有多么完美的父母，孩子都会有创伤。那是因为，每个孩子都是不同的，天生气质不同、需求也不同。每当孩子的需求落空，就可能形成一种创伤。

幸福都是相似的，需要上述的条件具足，但是创伤却是五花八门的。尽管创伤千奇百怪，但也不是无迹可寻。

第三节　创伤的内在小孩

创伤的起源

人类的创伤，往往来源于一系列的危机事件，包含与父母的分离、忽视、生病、受伤、体罚、性骚扰、意外、战争、虐待等，甚至还有多次搬家以及失去朋友。这些创伤经历会给孩子带来痛苦，增加孩子的恐惧、沮丧以及愤怒。这些情绪如果在小时候产生，而且没有经过合理有效的处理，就会留存在我们的大脑神经系统里。

有人说，我不记得了。是的，有时候，我们的显性记忆会选择忽略或遗忘这些痛苦的记忆，毕竟，谁愿意主动去品尝和反刍痛苦呢。那么，这些记忆去了哪里呢？一、它会被身体记住。创伤研究专家科尔克（Van der Kolk）称之为"身体记忆"，用来说明我们的身体对创伤体验的储存机制；二、它会进入潜意识，被我们完全遗忘，长大以后，往往只有在进入深度催眠的时候，这些记忆才会被唤醒。

人类的有趣之处在于，为了说服自己活下去，在面对创伤的时候，他会自动发展出防御机制。也就是说，当他感受到痛苦的时候，尽管他只是个孩子，他依然会自动发展出一套方法来抵御这些痛苦。抵御的方法，通常也是两种，一种是把情绪和不安向外释放，表现为问题行为，这些问题行为通常包括焦虑不安、过度活跃、挑衅规则或行为涣散。另一种则是把痛苦指向内心，痛苦内化为抑郁、焦虑和恐惧，从而导致自卑、强迫行为或强迫观念，有时甚至是补偿性的夸大或自负。

大多数的儿童，主要通过外化或内化方式应对痛苦。有的孩子则会在两种方式当中来回转化，直到找到平衡为止。

一个孩子在 5 岁左右就已经具有了自己初步解决问题的稳定方案了，如果这一时期没有父母的觉察和专业人员的帮助，他们大概率会固化这些方案。8 岁左右，就已经有自己理解和应对世界的整套系统了，尽管是幼稚和不成熟的，但是，他自己深信不疑。在往后漫长的岁月里，他会不断地强化自己的这套系统，就像为自己铸造起一堵堵围墙，让自己深陷其中，不再接受别的可能。

美国心理治疗师克里希那南达（Krishnananda Trobe）用本质层、脆弱层、保护层来对这个过程进行了一个表达。

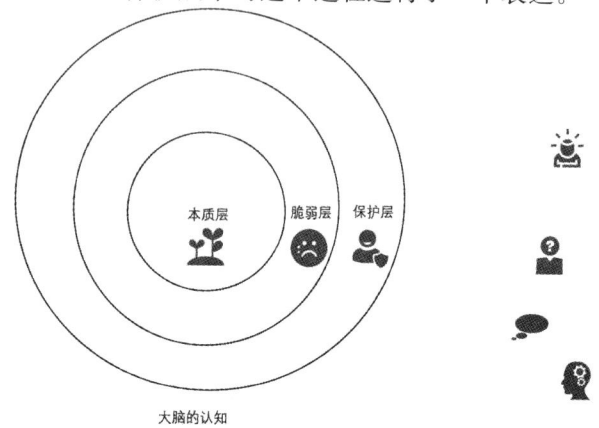

大脑的认知

当我们作为一个生命，降临到这个世界的时候，我们带着纯然的、天真的、爱的、生机勃勃的本质（赤子之心的内在小孩）来到这个世界上。这个时候，我就是我，没有身份，没有认同，没有名字……是纯然的本质。然而，创伤开始出现，这些创伤的来源不一，最严重的来源于我们的重要他人——父母，也许是忽视、拒绝、冷漠、暴力，也许是溺爱、控制、苛责或高期待……其中最大的拒绝是，我们不被允许做原来的自己。父母希望孩子活成他们期待的样子，对孩子有很多爱，但也有很多要求和训诫。孩子的本质层，不被重视，似乎也是不重要的。

这一时期的孩子，都活在脆弱层里，这一层就像是还未成型的泥土，是松软的、容易成型的，任何一点来自外部的恶意，都会在上面留下深深的脚印。很少有孩子，从小就拥有内在资源去抵御生活里的各种创伤，他只能根据自己有限的能力，发展出一个自以为是的保护层。

人类为了生存下去，会想出一切办法保护自己，比如不惜一切代价的反抗、关闭自己的情感联结、取悦别人、理智化、保持忙碌等各种办法，这就是自我发展出的防御机制。

萨提亚分析人类的防御机制，一共分出了四种不健康的防御机制和一种健康的沟通机制。

这四种不健康的防御机制分别是：

1. 指责（都是你的错）；
2. 讨好（都是我的错）；
3. 超理智（应该这么办）；

4. 打岔（什么都无所谓）。

一种健康的沟通机制则是内外一致。

这些防御机制，在成年以后看来是不成熟且幼稚的，但是，当我们没有觉察的时候，这些防御机制就是我们的信念。大多数人都生活在毫无意识的防御行为中。保护层封锁了我们的内心，切断了与外界的自然流动，也切断了生命的能量。这一整套信念系统既保护了我们，也限制了我们。

恐惧的内在小孩

在诸多的创伤中，恐惧是最为常见的一种。也就是说，恐惧的内在小孩，是最常见的一种类型。

克里希那南达在《拥抱你的内在小孩》这本书中，指出了恐惧的四种类型：

1. 压力与期待的恐惧；
2. 被拒绝与被遗弃的恐惧；
3. 没有空间、被误解或被忽略的恐惧；
4. 在身体或精神上受虐待或受侵犯的恐惧。

回顾童年时期，有一个场景，我一直难以忘记，我想它解释了什么是恐惧的感受，以及恐惧将如何作用于身体。

印象中，应该是在 10 岁左右的年纪，我在阳台上拿着父亲的手表玩，那个时候，手表还是很贵重的东西。一不小心，手表从手里滑了下来，不是掉在阳台上，而是掉到了楼下。我听见表盘碎掉的声音。在那一刻，我忽然感觉到时间静止了，也就是说，我吓呆了。可能心里想着：这下完蛋了。然后，一切就像冻住了一样。我看到远方下工回来的父亲，很想喊爸爸，但是，我感觉到喉咙冻住了，我使劲想要喊，可是一点声音都发不出来。这个印象真是深刻极了，我至今仍然记得那个画面。一个被吓坏的孩子，一个被恐惧冻住的孩子。

F小姐跟我主诉过一次她的恐惧，因为奶奶重男轻女，所以，妈妈第一胎生下她是女儿的时候，奶奶十分不高兴，还没有出月子，就准备让人把她送走。是妈妈拼着要离婚也要保下她。对这个部分，她当然是没有记忆的，信息来源于妈妈讲起不堪的婆媳关系的叙述，可是这个叙述让她感受到很大的恐惧。因为，她感受到，如果她做得不好，她随时都有可能被这个家庭送走，所以，从小她就是一个特别乖顺讨巧的孩子，尤其以获得奶奶的认可为荣。后来，即便年龄很大了，她依然会因为自己学习好让奶奶在亲戚之中有面子而感到松了一口气；只有看到自己在家族中存在的意义，是为家族争光的，她才能放心。

少有人知道，恐惧分为"情绪的恐惧"和"真实的恐惧"，真实的恐惧是当下面临的威胁，比如，一只对你狂吠不停的大狗。而情绪的恐惧，则是内在受到惊吓的我们，把未解决的创伤的恐惧，带到当下的情境中。比如，如果你真的被狗咬了，这种恐惧的记忆就会留在你的身体里，以后每次经过同一个地方，你都会感到害怕不已。

童年时期未被释放的恐惧，留在身体里，变成了创伤，长大以后，遇到相类似的情境，或者恐惧感被激起的时候，就会因为"情绪的恐惧"而冻僵。

恐惧的缘起多种多样,有真实的经历,也有某些被恐吓的想象。恐惧在每个人身上的表现也不同。解决内在小孩恐惧的最好方式,是接纳。接纳自己有恐惧的感受,并对这一感受进行专业的处理。

很多人都很害怕重新经历一次恐惧的体验。事实是,成年以后,当我们回到内在小孩,再次体验当年那个让我们恐惧不已的经历时,我们会发现,好像没有那么害怕。比如,刚才说的那个手表滑落的故事,当我再次回到那个场景的时候,我会安慰那个孩子:"是的,这很可怕,现在看来似乎是犯了一个不得了的错误,但是,作为一个 10 岁的孩子,这样的错误是很正常的。接受自己犯了错误,并原谅自己这个错误吧。"听了这些话以后,那个冻住的孩子好多了。

H 小姐的故事

H 小姐跟我讲过她的一个故事,小的时候,她觉得父母是很爱自己的。可是有一次,她犯了一个错误,父亲狠狠地打了她一顿,用鸡毛掸子一下一下地打在她的大腿和手臂上,她痛极了,一边喊着:"我不敢了,我再也不敢了。"一边往妈妈身后躲,想要寻求她的庇护。可是妈妈背过身去,脸上是冷漠和嫌弃的表情,似乎还嫌父亲打得不够重。H 小姐感到自己被父亲抛弃,被母亲拒绝。这个体验让她在很漫长的一段时间里,不敢轻易挑战父母的权威,因为她知道,他们是一国的,而她不是,她只有她自己。H 小姐说,自从经历了这一次被拒绝的体验,她成了一个特别乖巧的女孩,直到青春期来临。

当 H 小姐再次回到她童年被打的这个场景时,她看到了父亲的愤怒和母亲的无可奈何,她看到父母因为忙碌和焦虑,急于要把她管教成一个懂事听话不添麻烦的孩子。虽然,她对父母当时的做法,依然无法认同,依然有很深的失望,但她对那个孩子,有了深刻的同情。她接纳了那个恐惧的、害怕失去爱、在疼痛中感受到孤独和悲伤的小孩。恐惧和孤独的小孩被看见,也就被疗愈了。

羞愧的内在小孩

羞愧的内在小孩,是较为常见的第二种类型。羞愧感,也是一种无能感,感觉到自己是不够好的、不值得的。

羞愧同样有多种来源,比如小时候被批评或被羞辱,被拿来和别人作比较,被教导只能怎样做,或者受到忽略,表达意见没有被采纳或被完全否定……每个人的羞愧经验是不同的。

1. 因为被贬损带来的羞愧感

Z 小姐主诉,小时候,爷爷和父亲称呼她们姐妹有一个专有名词"讨债鬼"。最开始的时候,她也不知道是什么意思,小时候听多了,以为是个口头禅。长大一点,才知道这个词的含义。有一段时间因此感到沮丧:自己怎么就成为一个讨债的了。她有两个姐妹,从小都是被父母这么叫,渐渐地也习惯了。后来,她的妹妹成年,出了交通意外,被撞得支离破碎,她的父亲来到现场,潸然泪下,依然还是呼喊着"讨债鬼……讨债鬼"。当然，后来她知道，这不过是父亲习得于爷爷的一种称呼孩子的方式，不过是一种文化的无意识的继承而已，但是，她依然深深感受到这个称呼里的贬损的恶意。

2. 被比较带来的羞愧感

O小姐主诉，她的姐姐特别优秀，从小就是学霸，又高又美，多才多艺，是学校的明星学生，也是附近小区人人羡慕的"别人家的孩子"。大家以为，她也像姐姐一样优秀。可是她却成绩平平，长相一般，也没有什么才艺，是一点也不出挑的学生。每当别人介绍她是"谁谁的妹妹"，然后，大家就会一副先是惊讶，然后失望，继而又尴尬的表情。一次又一次，经历这样的被比较之后，她觉得自己都自卑到了尘埃里，觉得羞愧极了，整个童年和少年时期，都抬不起头来。她觉得姐姐就是骄傲的公主，而自己连做个女仆都没有资格。如果不是她的父亲，常常鼓励和疼爱她，她一定会失去所有的信心。

3. 无能带来的羞愧感

如果前两种羞愧感都来源于他人，那么，这一种羞愧感的来源比较特别，它来源于父母的过度溺爱和包办。因为父母为孩子包办得太多，使得孩子失去了正常的生活能力，从而感受到深刻的无能感和羞愧感。

W小姐主诉，幼时丧父，与母亲相依为命，母亲把她看得比生命还重要，呵护备至，几乎包揽了家里所有的事情。她只需要把书读好就可以了。年轻的时候，她觉得这是母亲深刻的爱，并对母亲充满感激。可是当她成家以后，她才发现自己连最基本的家务都不会。还没有生孩子的时候，这种家事的无能还没有上升为夫妻俩的矛盾。矛盾是在孩子出生以后爆发，她终于发现自己什么也不会，完全没有能力照顾好自己和孩子，只能依靠母亲生活。丈夫对此非常愤怒。最糟糕的是，尽管无能让她有深刻的羞愧感，可是，她却也享受什么都不用做的感觉，变得越来越懒。她一方面讨厌自己的懒，一方面却没有改变的动力。丈夫对她越来越失望，夫妻关系也越来越糟糕。

羞愧感大多数情况下，不是来源于恶意，而是来自无意识。有的是父母缺乏觉察和良好的教养技巧，有的是邻居无心的玩笑和对小孩子感受的忽略，有的则来源于过度保护。

羞愧感带来的最大恶果是低自尊。羞愧的内在小孩的潜台词是"我是不好的，我不够好，我不值得"。因为这种低自尊，而变得害羞、迷茫、退缩、讨好，害怕被拒绝和被批评，希望别人帮自己拿主意。最糟糕的是，羞愧会带来更多的羞愧。比如为了获得肯定，刻意讨好自己不喜欢的人，做自己不喜欢的事，但又在事后，更加看不起自己，强化了自己的羞愧感。

疗愈羞愧的内在小孩的第一步，也是看见，看见自己的怯懦与讨好，并在其中感受到善良和无助，接纳自己内在的无能感，并允许自己"一面怕一面做"，在实际行动的改变中，提升自我效能感，以疗愈那个羞愧的内在小孩。

愤怒的内在小孩

很多孩子，一生都在努力成为父母心目中的好小孩，哪怕父母的标准千奇百怪或者有过高的要求，但是，很少有孩子意识到是父母的问题，也很少有孩子有力量去反抗父母的标准。

比如，有的父母对孩子的学习要求特别高，为他报很多补习班。这不完全是因为父母在乎孩子的学习，有可能是，父母自己在童年的时候，在学习上有创伤，或者自己就是个学习不好的孩子。因为学习不好，而遭遇过很多羞愧的感受，于是，在自己成为父母之后，就会特别要求孩子学习好，希望通过这种方式，来缓解童年的创伤。当然，父母并不是有意的，大多都是无意识地这么做。

可是，也许这个孩子也是不擅长学习的，他可能更热爱大自然，或者喜欢体育，但是因为父母的执着，他无法健康地发展自己的特质，并有可能因为父母极度的控制，而感到压抑的愤怒。有些孩子会把这些愤怒释放出来，表现为各种各样的行为问题，多动或者攻击。而有些孩子则将愤怒深埋心底，变成一个沉默寡言的孩子。

为了成为父母心中的好孩子，并坚信好孩子才可以得到爱，孩子压抑了他的天性，成为了一个非常乖巧的孩子。然而，这个乖巧的背后，有一座愤怒的火山随时都在等待时机爆发。

X小姐的故事

X小姐是大家心目中的人生赢家。从小就是个学霸，父母以她为荣。因为她的父母平凡普通且贫穷，唯有与人比较起孩子的时候，父母的脸上才有了光彩。X小姐很小就知道了自己是这个家庭的拯救者，只有她努力学习、表现好，这个家才有希望。于是，她承受了这个命运。她学习成绩很好，也很乖。大学毕业以后，还考上了研究生，家里的家境也渐渐好起来了。小时候所期待的未来，似乎实现了。她还嫁给了公务员，摆脱了三代农民的命运。亲戚们都说她的父母教导有方，父母也觉得自己脸上有光。

结婚以后，她和丈夫在城里买了房子，不太大，但是很温馨。两个人生活也很甜蜜。可是不久，孩子出生了。公公和婆婆都还没有退休，只好把农村的父母接到家里一起住，帮忙照顾孩子。

原本和乐融融的家庭，因为X小姐父母的到来变得气氛尴尬，X小姐从一个乖顺的孩子，变得对父母十分挑剔，总是有很多莫名其妙的情绪，对父母这里看不惯那里看不惯。可是，冷静下来的时候，她又很内疚、后悔，既想要孝顺父母，却又无法和父母好好说话。X小姐觉得自己都快抑郁了。

在咨询室里，咨询师帮助X小姐回顾了童年，她看到了一个乖巧却压抑的自己，内心有很多的愤怒，觉得自己这么小就承担了家庭复兴的使命，对她来说，太辛苦了。可是，看到父母的辛苦和无能，又觉得很不忍心，于是就这么既乖巧努力，又愤怒压抑地长大了。在个案中，咨询师帮助X小姐处理了那个愤怒的内在小孩，让她把自己压抑的情绪都释放出来，说了很多小时候不敢说的话，说出来以后痛快多了。愤怒的内在小孩得到了接纳和安抚，善解人意的那个内在小孩占了主导。

不久以后，X小姐反馈，她让父母回老家了，自己请了一个保姆。她爱她的父母，希望他们能够在自己熟悉的环境安享晚年，而不需要面对女儿的期待。她知道，期待属于她自己，而她现在有能力管理好自己的期待了。她觉得这样的处理方式，对自己和父母都是好的，她既可以孝顺父母，又不需要常常唤起那个愤怒的内在小孩。

做自己的好父母

内在小孩的疗愈，除了觉察和看见之外，我们还要有能力发展出一个"好父母"的角色。

林文采博士在讲到心理营养的时候，曾经指出，如果我们小时候缺失了心理营养，长大是有机会补充的。结婚是一次很好的契机，如果小时候缺失的心理营养，伴侣愿意给与，那么内在小孩就会得到疗愈。但是如果伴侣也是一个心理营养缺失的小孩，那么，他就没有疗愈能力。这个时候，我们就必须学会一个方法——做自己的好父母。林文采博士认为，一个人25岁以后，就有能力做自己的好父母了。

"做自己的好父母"是什么意思呢？就是自己给自己心理营养。很多学员最开始的时候很难理解，于是，我就会带她们做一些刻意的练习。

练习1：内在小孩画像

首先，做几个深呼吸，让自己安静下来。去回忆一个内在小孩的样子，并把它描写下来：她几岁？长什么样子？长头发还是短头发？穿着什么季节的衣服？什么表情？

然后，关于这个小孩，给她六个形容词，三个正向，三个负向，并为每个形容词想一个画面。

找一个人，跟她分享自己的内在小孩画像，并表达自己的感受。

练习2：心理营养日志

月　　日　　　星期　　　　天气：

心理营养	具体事项
无条件接纳	1. 当我犯错的时候； 2. 当我达不到自己期待的时候； 3. 当我失败的时候； 4. 当我有负面情绪的时候。 接纳自己
	今天，你是否经历上述四种状况中的一种或几种，你能否在这种情况下做无条件接纳？你是怎么做的？ （范例：这是我，但不是我的全部。除了这些，我还有……）
重视	给自己个人时间/花钱在自己身上。
	今天你是否做了重视自己的事情？你做了什么？怎么做的？感觉怎么样？

续表

心理营养	具体事项
安全感	1. 自己特别想做的事，允许自己一边怕一边做； 2. 经营自己的人际关系。
	你今天做了什么让自己感觉到勇敢的事？今天，为了更好的人际关系，你做了什么？具体阐述一下。
肯定赞美认同	每天睡前肯定赞美认同自己。
	今天，你做了什么具体的事，是值得肯定自己的，肯定自己什么品质？
总结	今天整体感觉怎么样？对自己说一句鼓励的话吧。

心理营养日志范例：

7月29日　　　　星期　三　　　　天气：晴

心理营养	具体事项
无条件接纳	1. 当我犯错的时候； 2. 当我达不到自己期待的时候； 3. 当我失败的时候； 4. 当我有负面情绪的时候。 　　　　　接纳自己 　　今天，你是否经历上述四种状况中的一种或几种，你能否在这种情况下做无条件接纳？你是怎么做的？ 　　（范例：这是我，但不是我的全部。除了这些，我还有……）

续表

心理营养	具体事项
	今天的任务依然是写作，按照任务完成了，这很不错。但是在整理资料的时候，找到前两年留存的资料，喜忧参半，喜的是，哈，又有几千字不用写。忧的是，那个时候为什么不多写一点，这样现在我就会轻松一点啦。想到目前只有6000字，最后要有15万字之间的巨大落差，就觉得，苍天哪，没个头，为什么自己找罪受，躺平多么香。 这是我，但不是我的全部，我只是短暂几秒大脑走神而已。我很快就知道，这不现实，世界上没有不付出努力就有果子吃的事。为自己的目标和理想付出辛苦努力是正常的。在查阅资料的过程中，看到历代心理学家们所艰苦付出的那些不过留存寥寥一些文字，便觉得，太了不起了。忍受得了寂寞才可以对世界做出贡献，我也会留下有用的文字，想到这里，安心了很多，也有了很多力量。
重视	给自己个人时间/花钱在自己身上。 今天你是否做了重视自己的事情？你做了什么？怎么做的？感觉怎么样？ 上午除了陪伴孩子，就是看书和整理资料，写作。在工作的时候，尤其是在做虽然艰苦，却是自己喜欢且觉得有意义的事情的时候，就觉得自己在重视自己。 今天还没有花钱在自己身上，但下午会去游泳，锻炼身体也是重视自己。

续表

心理营养	具体事项
安全感	1. 自己特别想做的事，允许自己一边怕一边做； 2. 经营自己的人际关系。
	你今天做了什么让自己感觉到勇敢的事？今天，为了更好的人际关系，你做了什么？具体阐述一下。 写作就是会烦躁，查资料也是一个很枯燥的过程，但还是一边烦躁一边做。 陪小女儿做了暑假作业，赞扬了大女儿在学习上的进步以及很多优点。她们都很开心。
肯定赞美认同	每天睡前肯定赞美认同自己。
	今天，你做了什么具体的事，是值得肯定自己的，肯定自己什么品质？ 　　1. 今天完成了写作任务，并查阅了资料，为明天的写作做了准备。我是一个定了计划能够坚持的人。 　　2. 下午会见学员，当我决定开始做一件事，我就会马上付诸行动，几个名额全部预约掉了。我会耐心地一个个完成。我是一个很能够沉下来的人。 　　3. 傍晚会去锻炼身体。今年对自己最满意的地方就是，开始锻炼身体，并且坚持。是坚持得最好的一年。
总结	今天整体感觉怎么样？对自己说一句鼓励的话吧。
	一切正常，整体优秀。

练习3：给家人心理营养

心理营养的练习做了一段时间之后，很多学员反馈，心情愉快了很多，对自己的接纳程度也高了。同时，我们发现，除了给自己心理营养，还可以给家人心理营养，上述这个表格可以深化成给家人心理营养的日志。

第四节　疗愈内在的小孩

S 的故事

S 看起来是个很乐观的女孩，很爱笑，笑得很大声，笑到我以为她上课是来打酱油的。

我曾经问学员们，你们有过一个坚持 10 年以上的目标吗？

只有她说，她有。她从小学的时候，就想成为一个民航人，并且为这个梦想努力了十几年。

同学们都觉得，哇，太厉害了。真是不可思议，一个孩子可以在小学的时候，就知道自己的梦想是什么，并且，长大以后，做到了。

听上去是个励志的故事。然而，当我们听她讲生命故事的时候，却不禁潸然泪下。

她小的时候，父母之间一直争吵，她一直担心，父母会离婚。有一次，她问母亲："如果你们离婚，你会带我走吗？"母亲说："不会，我会带你的姐姐走。"那一刻，她的心碎了。是呀，听到这里的时候，我也听到了心碎的声音。我可以理解，她母亲说这句话的时候，一定不是真心的，是气话。可是，小孩子会当真的。小孩子会把母亲说的每一句气话，都当成真的，从而成了内心中一个过不去的坎儿。

很多母亲后来都忘记了自己说过的话，但是，孩子不会忘记。长大以后，当孩子终于有勇气去和母亲核对这件事的时候，大部分的母亲往往一脸茫然："是吗？我说过这样的话吗？我不记得了呀。"成年的孩子可能将再一次体验心碎的感觉，因为她多年无法释怀的伤痛，母亲不但完全没有愧疚，甚至根本不记得这回事，母亲竟然不认账了。

有一段时间，学员群里流传一句让人心碎的话：

当一个母亲批评孩子的时候，孩子不会停止爱母亲，他只会停止爱自己。

也许有人说，现在的孩子也太脆弱了吧，我们当初……

再也不是当初了呀。这个时代变了很多，我们对物质的渴求变得没有那么迫切，我们开始关注精神的需求。然而这个时代，我们对于精神需求的了解，实在是太贫乏了。

S无疑是幸运的，她把自己的故事讲出来了，并且有人听。

她说，自从她听了母亲的回答后，她就开始怀疑自己在母亲心目中的位置。她很害怕，害怕母亲不爱自己，不要自己。于是，她变成了一个特别"乖巧"的孩子，承包了家里大部分的家务事。可是，即使这样乖，她也不确定，母亲是否爱自己，因为母亲从来不赞扬她。

直到有一天，一家人在看电视，电视上出现了一群空姐，母亲指着电视里的女生说："女孩子，过上这样的日子，才是令人羡慕的。"

从那一刻起，她知道了母亲心目中完美女孩的形象，从此立志要成为一个这样的女生。那一年，她十岁，生活在一个闭塞的小渔村。这样的梦想，注定是要被嘲笑的。

真是一段让人心碎的故事。

好在，故事的结局还算完美，经过一次又一次的失败，一次又一次的努力，她成功了，终于成为了一个民航人。然而，就像惦记了十多年的果子，终于吃到嘴的时候，她发现，其实并没有想象的那么美味。

工作多年以后，她想象中的赞许、母亲的赞美并没有到来。是呀，终究是不会来的，因为母亲大概早就忘记自己说过这样的话了。我相信，她会很担心，如果她告诉母亲这件事，母亲会笑她傻，因为她对母亲的爱，没有信心。她觉得母亲更爱姐姐，不爱她。

母亲对她并非没有爱，她只是不知道，母亲不过是把对她父亲的愤怒迁怒在她身上罢了。

遗憾的是，上课的时候我并没有机会去帮她完成与母亲的和解。我帮她处理了那个沮丧、挫败、伤心、难过的内在小女孩，让她看见了这个孩子的不容易，这个孩子的倔强，这个孩子的美好与善良。

她继续眉开眼笑了，真是个满身都是斗志、很快就会恢复元气的快乐女孩呀。她的童年，她和母亲的关系一定不像她想的那么糟糕。

她纠结不已的原因，大抵不过是像大多数已经成为母亲的女性一样，心里有一个不愿意长大的小女孩，渴望得到妈妈温柔的爱，渴望得到妈妈的肯定，渴望母亲的拥抱。

Z 的故事

有一天，凌晨 5 点 36 分，我收到一个学员的信息：

云上老师，我忍不住想要和你分享我今天的喜悦和感动。

我从来没有给你发过反馈，那是因为我害怕你觉得我不够好，我有很多的恐惧。很多时候，我会很羡慕她们可以黏着你说个不停。

我知道那是因为我内在对权威的父母有很深的不安全感。

今天我终于有勇气和你表达，是因为从冰山课开始，到成长课结束后经历了快 2 年，终于攒够了力量在今晚的内在小孩练习中去撕开伤口和自己做彻底的和解。

如果没有当初冰山课和成长课带给我的力量和资源，也不会有此刻的豁然。

这是对我来讲，特别重要的时刻。

今天晚上，我终于准备好了去面对那个害怕的内在小孩，我不知道老师还记得成长课给我雕塑跨越门槛的状态吗？我是抱着门槛用力晃动的，老师对雕塑的理解和运用是那么的深刻，每次老师带领我体验雕塑都加深雕塑的力量一点点地在我的内在生根，慢慢地我对状态的感知都自然地在脑海中用画面的形式呈现。

今天我看到我自己一直以来的生存姿态竟然是一个胸

口扎着刀流着血趴在地上拼命向前爬的小女孩,而背后还站着一个人拿着鞭子在抽她。

我看到的时候非常心疼她,也就是心疼自己,我不知道我对自己是如此残酷,所以,我才会对自己要求那么高,才会那么拼命,冰山的源头在这里。

这些画面都是我拿着录音笔自己对自己做内在小孩练习的时候看到的,我用老师在课上使用的催眠方式和自己对话。带抽鞭子的人去看那些组合成那把刀的创伤事件,我邀请她放下鞭子和我牵手一起去扶地上的她起来,我允许她拒绝,允许她害怕,最后她终于同意了。过程很漫长,从练习开始到结束花了1个小时。

最后,我感受到了喜悦和平静,还有肩膀的无比酸痛,最美好的是,我闭上眼睛,感受到的都是光,我不再害怕黑暗会像过去那样笼罩着我,我相信,我心中的光,会保护我,陪伴我,和我一起驱散黑暗。

我真的体验到生命力流动起来的感觉,是那么美好和喜悦。

就是特别特别想和老师分享,这么多的美好体验都是始于老师的冰山课,谢谢老师,谢谢您坚信女性的力量,谢谢你没有放弃继续上课。

这个学员,我当然是很熟悉的,因为她特别努力,努力到我曾经担心她会不会因为用力过度而伤到了自己。幸甚,她终于没有迷失于自己的情绪。

关于画面,每个人的画面是不同的。也许这不是真的现实痛楚，但是在她的感受中，一定深刻地经历了这些。我在想，是什么样的力量，让她可以这样地去死磕自己呢？又是怎样的一股狠劲儿，才可以这样孤绝地走过这样的成长之路？

此时此刻，我只想说：真是不容易呢，一个人坚持这样走，很优秀了，你也值得这样的优秀。请给自己一个大大的欣赏吧，以后对自己温柔一点。

每一次，收到学员给我的反馈，我总是又感慨，又感谢。感慨，每一个生命成长得不容易；感谢，她们愿意和我分享她们的人生体验。

C 小姐的个案

小时候，因为父母忙碌，C 小姐总是自己上下学，即使上幼儿园才四五岁的时候，也是要自己上下学。有一次放学的时候，她和小伙伴开玩笑，踩小伙伴的鞋后跟，小伙伴跑开了。第二天放学的时候，小伙伴的父亲等在她平时放学的路上，狠狠给了她一巴掌。她吓坏了，也不敢跟父母说，从此以后，放学再也不敢走这条路。

她也是在一次成长课上忽然回忆起这段经历，她觉得这段经历对她的影响是，使得她之后非常害怕和人正面冲突，或者当她感觉到冲突要产生的时候，她就会主动放弃或回避。这个画面对她的影响应该是在很深沉的内在，以至于当她说起时，她的双手依然在颤抖，眼泪克制不住地一直流。

当我看到这个四五岁的孩子恐惧的时候，我带她做了一段

"接纳内在小孩"的练习，我带着已经 38 岁的她重新回到了那个现场。我让她看着这个小女孩，问她是如何看待这个小女孩的。她说：她太可怜了。

是的，能看见这个部分真是太好了。

我问她：你是否愿意过去安慰她，拥抱她。她说她可以做到。（细节不再描述）

但是，如果仅仅做到这个部分，并不能完全帮助她克服恐惧。于是，在做完内在小孩拥抱后，我邀请她再一次走过那条她再也不敢走的路，带着那个画面中的四五岁的孩子。

她很害怕，我能够感受到她的恐惧。于是，我轻轻提醒她：你已经有一个 7 岁的女儿，如果是你的女儿遭遇这样的场景，你一定会保护她对吗？让母爱的力量来帮助你。

在走过那一条路的时候，我让她重新看见那个"凶恶的小伙伴的父亲"，她真的害怕极了，甚至在发抖。但是，我还是鼓励她："请你鼓起勇气对他说：你做错了，你不可以这样打小孩子，请你道歉。"

最开始的时候，她的声音很弱小，在我的鼓励下，她越来越大声，声音也变得越来越有力。当她说完第三遍的时候，她的眼泪倾泻而下。她说："我从来没有想过，是他做错了。我一直以为是我的错。"

当她带着内在小女孩终于走完了那条她再也不敢走的路，她告诉我，小女孩蹦蹦跳跳地跑走了。

那个内在小孩终于可以开心地长大，去拥抱自己的人生。让我们祝福她。

C 小姐的反馈

前言

我的记忆里,幼儿园几乎没有朋友,因为是外地插班生的缘故,我既不会普通话,也没有社交常识。不仅没有朋友,还有一次极委屈的记忆,并且我清晰地记得我没有把这件事情告诉过爸妈。

那是一次幼儿园放学,我们当年没有家长接送,小朋友们自己排路队走回家。我发觉踩人鞋后跟很有趣,就一直踩我前面那个小女孩的鞋。结果,第二天放学,我路过一个工地的门口,那个小女孩的爸爸冲到我面前,二话不说,抓住我就恶狠狠地扇了我两耳光。当时我脸上是火辣辣得疼,内心是极度的惊恐,小女孩的爸爸操着我听不懂的口音嘟嘟囔囔,应该是警告我不要欺负他女儿。那一次,我哭得很伤心,既觉得屈辱又觉得害怕,但回家我没有跟任何人提过一个字,只是从此再也不敢路过那个工地的门口,远远地转小路走回家。

我长大后还一直觉得奇怪,当时为什么没有告诉爸妈。能得到的自我解释是,也许他们从来没关心过我每天过得如何,而我小小年纪也总是觉得大家都在独自奋战,没人能保护我,一切只能靠自己消化。

治疗中

每次回忆起那个场景,我都看到一个泪流满面、仓皇逃跑的小女孩。我以为伤害已经过去了,现在的我不需要理会那个凶狠的怪叔叔。但是林老师带我重新回到情景里去的时候，我发现自己还是那么害怕，即使已经身为 38 岁中年人的身份，当我牵着 5 岁的自己想重新去走那条路的时候，当我看到怪叔叔牵着女儿站在路边，我心里还是充满了恐惧，我依然在犹豫是否打得过他，到底我该如何保护那个小女孩。

林老师让我想象那个小女孩就是我自己的女儿，我该如何带她去走这条路呢。我当下感受到自己虽然泪流不止，心里却只有一个想法："无论那个男人如何攻击我，我都会紧紧抱住那个小女孩，不让她遭受任何伤害。"林老师应该是察觉到我的恐惧，也看到我的力量，让我对着那个怪叔叔，以一个成年人的方式和他展开了一次对话："你不应该这样对待一个小孩子，你错了。"当我终于能大声喊出"你错了"的时候，感受到了从未有过的安慰，心里那个 5 岁的小女孩一直以为是自己的错，原来是可以被接纳、被原谅的。而且不必非要和那个怪叔叔打一架，即使只是敢于面对他，用一个成年人的姿态说一句公道话，都是在勇敢保护身后的那个小女孩，对小女孩来说都是一种满足。小女孩抬头看着我，她眼里充满了感激，饱含眼泪的眼睛里，闪动着亮晶晶的光芒。这个画面一直定格在我心里，让我内心踏实，充满感动。

当小女孩牵着我的手，甩起马尾辫，终于蹦蹦跳跳地走出画面的时候，我看着她的背影，内心是平静的，也是喜悦的。

治疗后

随后的几天，我仍然会不断地回忆起这件往事，但内心里出现的画面，不再是哭泣着仓皇逃窜的小女孩，总会增加两个镜头：女孩抬起头望着我，她眼里闪动着晶莹的泪花，以及蹦蹦跳跳地甩着马尾辫的背影，仿佛这一切是亲历过一样。

我当然知道小时候的经历，永远都不可能再来一遍，但是这个美好的体验却让我深深地相信：如果再次经历，我已经有能力处理这一切并且不会再受到伤害。我愿意接纳那个年幼的自己，她调皮，她懦弱，她逃避，这些都是正常的，她终究会长大，她知道正面冲突不一定要用同样剧烈的方式去对抗，只需要拿出勇气，用自己能承受的方式去面对，这也是在解决问题，也会让一切变得更美好。

每个人都要学着自己长大

我常常在课上或个案中，问我的学员或案主："你今年几岁？"

她们会回答我："33 或 30 或……"

"你们有自己的孩子吗？"

"有的。"

"那么，你爱你的孩子们吗？"

"爱的。"

"那么，好吧，你大概是懂得怎样爱自己的孩子的。就请用爱护自己孩子的方式,来爱护自己吧。"

"为什么我要这么做?"

"因为你的内在,有一个不愿意长大的小女孩。你对妈妈和爸爸的爱,有很多期待。在小的时候,这些期待有时候没有被满足,就形成了一个难过的、失望的小女孩。这个小女孩,需要被你看见。你想要的那种爸爸妈妈的爱,也许永远不会来,因为爸爸妈妈已经老了,无法像我们想象的那样给我们想要的那种爱,但不等于他们不爱我们。只是他们对于爱的表达方式,不是我们想要的。所以,如果你渴望那样的爱,那么,就自己给自己吧,去爱护自己、喜欢自己、欣赏自己,就像你现在爱护你的孩子一样。这样,内在的那个孩子,就会感受到爱,就会长大,你就会慢慢成熟起来。"

当我们紧紧地守着一个不愿意长大的小女孩的时候,我们的心智不会成熟起来。我们会表现出很多情绪,恐惧、害怕、失望、孤独……

心智的成熟并不意味着,我们没有这些情绪了,而是当这些情绪袭来时,我们会知道自己又掉入了过去的模式,我们会保持觉察,然后可以协助自己走出来,或者懂得寻求帮助,让自己走出来。

世间没有救世主,这个世界上能够一直帮助自己的,只有自己。每个人都需要学会真正长大。

第五节 做自己的好父母

在个案或者课程中,我常常和案主或学员说,要学会做自己的好父母,但是究竟要怎样做自己的好父母,并没有一个特别清晰明确的方法或步骤。

给自己或他人心理营养是一个比较有效的方法。美国心理学家约翰·波拉德(John Pollard)的"自我养育计划"也是个非常有效的方法。

从1987年开始,波拉德就用"内部对话"的方式来帮助成年人成为自己的好父母。他将人的内部分成了两个独立的部分:内在小孩和内在父母。

波拉德认为,人的冲突来源于内在的冲突。在我们的内在,有两种声音,一种声音是代表了理性、理智的声音,这种声音里有很多建议、意见、观点和评判,他把这种声音称为内在父母。还有另外一种声音,它有自己的情绪感受、感性反应和主观反应,这种声音就是内在小孩的声音。

内部对话就是我们内在的理性自我和感性自我的冲突。两个自我,都是真实的自我,有着各自认为非常重要、并且要被满足的需要。

典型的内在对话:

内在小孩：我想去玩。

内在父母：你的事情还没有做完。

内在小孩：可是我就是很想去玩。

内在父母：做完了事情再去玩。

内在小孩：我不想做。

内在父母：这件事很重要。

内在小孩：可是我很累了。

内在父母：如果不做完你会更累。

……

这种典型的内在对话，往往是自动运行的，运行的结果就是我们会迷失于内在声音的冲突中，导致能量的内耗，形成拖延的症状。

我们常常会说自己心有余而力不足，其实这是因为，对于这件事，内在父母认为这是个好主意，但是内在小孩不同意，他就不给你提供能量，你就无法完成这件事。

外在表现的行动力，是内在对话达成一致的结果。

要提高一个人的心力，需要积极的自我养育。内在父母学会聆听内在小孩的感受和情绪，给足内在小孩空间和爱，内在小孩才会变得有能量。

在《内在父母的觉醒》这本书中，波拉德为积极自我养育提供了一些可以自我练习的方法。一共分为八个步骤：

步骤1：内在父母确认发生了内部冲突。

步骤2：内在父母决定通过写下内部对话来积极养育内部冲突。

步骤3：列出每个内在自我的具体需求。

步骤4：内在父母和内在小孩共同作出决定，同意内部冲突的解决方案必须为双方所接受。

步骤5：两个内在自我共同寻求内部冲突解决方案。

步骤6：两个内在自我选择一个双方可接受的、满足双方需要的解决方案。

步骤7：内在父母和内在小孩将解决方案付诸行动。

步骤8：两个自我对解决方案的可行性和满意度进行评估。

练习1：聆听内部对话

拿几张白纸，把内部对话写下来。花几分钟时间放松你的身体，在纸的左边一栏写下内心中一方说什么，在右边一栏写下另一方说什么。如实写下你听见的任何对话。

在写了一两页以后，再回头来分析哪一种声音来自内在父母，哪一种声音来自内在小孩。

我们究竟要怎样才能疗愈自己，谨记一条原则：内在小孩的需求先要得到满足。因为感受在前，理智在后，我们在大脑层面，想要听从理智的声音，可是我们的身体却很诚实，她会追随我们的感受。我们的行为往往和我们的大脑不一致，是因为它听从了感受的声音。

内部对话记录表

日期：	主题：
内在父母	内在小孩
	今天天气真不错，就休息一天吧。
可是，还有好多工作没有做完呀。	
	可是，身心的愉快也很重要呀。不如去吃点什么好吃的吧。
虽然这是个好主意，但我还是觉得先把事情做完比较重要。	
	我不想做，我不想做，不想做不想做。
你怎么可以这样？	
内在父母的需要	内在小孩的需要
重要的事情先做。	情绪和感受被看见。

练习 2：内部对话

波拉德还提供了各种进阶版的内部对话练习，通过内部对话的练习，我们可以不断地进行积极的自我养育。成为自己的好父母，是我们通往人格成熟之路的捷径。详细可参考〔美〕约翰·波拉德《内在父母的觉醒》（成都时代出版社，2019年版）。

第五章 "冰山"隐喻及转化

第一节 "冰山"隐喻

"冰山"隐喻最早由弗洛伊德提出，后来由美国天才家庭治疗师萨提亚女士将其运用在家庭治疗中。一个人的"自我"就像一座冰山一样，我们只能看到表面很少的一部分——行为，而更大一部分的内在世界藏在更深层次，不为人所知，恰如冰山。包括行为、应对方式、感受、观点、期待、渴望、自我七个层次。

行为（Behavior）——冰山的表层

日常的行为/事件是冰山的最表面，也是我们肉眼可以看见的部分。比如，一个孩子因为完不成作业而哭泣，母亲因为不耐烦而责骂，父亲因为无力解决又不愿意陷入争端摔门而去。这些都是表面的行为或事件，当我们陷入这些行为或事件时，我们通常会感到生活好辛苦，好累。但是我们忽略了，这些行为或事件其实都是表面的，是背后的真实原因在影响我们。如果我们能够找到行为或事件背后的真实原因，也许就能够找到彻底解决这个问题的办法，从而把问题从根源上真正解决掉。

佛经有云：众生畏果，菩萨畏因。意思是，芸芸众生总是害怕事情的结果，只有智慧的人才知道，比结果可怕的其实是原因。只有找到原因所在，改变我们的想法或行为，才能产生结果的改变。在结果上寻求改变问题的方式，是徒劳的，只有在原因上寻找，才是最好的解决问题的途径。就像爱因斯坦说的："我们不能用制造问题时用的同一水平思维来解决问题。"

冰山隐喻理论的应用是寻找行为/事件背后真正原因的好工具，就让我们学会用"冰山"的升级思维来思考问题吧。

应对（Coping）——一种防御机制

应对是一种对现实的反应态度。分为两种类别，内外一致的应对和内外不一致的应对。内外一致的应对指的是，个体的感受和想法，与他的应对姿态是一致的。而内外不一致的应对指的是，个体内在有一种感受和想法，但表现出来的却是另外一种方式。

不一致的应对姿态，并不是一种错误的应对姿态，或者说是故意的不一致。这种应对更多的是一种天然的防御机制，经由个体在原生家庭中习得而来，往往是个体从小习得的一种求生存的应对机制。也就是说，个体在童年的时候，在他的心智还不完全成熟的时候，形成了一种心理机制，认为只有使用这样的应对姿态，才能够生存下去。这种习得受原生家庭父母示范的应对姿态的影响，也和个体基因差别有关。

应对姿态没有对错，但是随着个体年龄增长，这种小时候形成的应对姿态会继续影响他，使他在沟通中遇到困难和障碍。如果有机会重新学习，调整不一致的应对姿态为一致性的应对姿态，我们就可以改变从小习得的应对模式。

萨提亚女士根据个体的表达形式和内在动力，把个体的不一致的沟通方式做了四种划分，分别是指责型、讨好型、超理智型和打岔型。在这四种姿态里，每一种都对沟通的三要素（自我、他人、情境）中的一部分进行了忽略，从而导致了沟通的不一致。

萨提亚在家庭治疗中最有创造性的部分就是雕塑，她不仅划分了沟通姿态，并且将这些沟通姿态雕塑了出来，使得内在状态显化为身体的表现。在家庭治疗中，如果仅仅使用语言工具，往往无法把家庭冲突表现得非常充分，但是如果融入了雕塑，立刻就被还原到家庭冲突的现场。

指责

指责型的应对姿态表达的是,都是你的错。

指责型的人习惯把问题的责任归因到他人身上。这样的人一般比较自我,忽视他人,只有自我和情境。行为也表现为喜欢控制别人。

指责的身体雕塑:挺胸站直,伸出一只手臂,食指指向某个人,另一只手叉在腰上,皱眉,表情愤怒。

指责的应对姿态看起来很有力量,在沟通中也给人咄咄逼人、很不舒服的感觉。但事实上,指责型的人是最没有力量的。他内在心理台词其实是,"请你帮帮我。我没有能力自己承担这个责任。我如此生气,是因为我很受伤。我需要爱,我需要关注"。但是,习惯了指责型的应对姿态的人,是不会说出自己的真实需求的。他会以生气、愤怒、"都是你错"的方式来责备和要求别人，而因为这种沟通姿态是让人很不舒服的，所以他也往往将人推得更远，自己真实的需求就更得不到满足了，长此以往，恶性循环。

和指责型的人沟通，会有一种随时可能点燃炸药包的感觉。

讨好

讨好型的应对姿态表达的是，都是我的错。

在讨好型的应对姿态中，自我是很低的，突出了他人和情境。常常使用讨好型的应对姿态的人，习惯于取悦别人而贬低自己。自己的感受和观点并不重要，重要的是他人的需求和意见，还有情境。

讨好型的身体雕塑姿态：一腿跪地，一只手伸出恳求，另一只手紧紧按住心口，呈现为一种软弱的身体姿态。

讨好型的人看起来是很好说话的样子，但是，长期讨好的人如果他的付出没有被看见，就会累积很多的委屈和愤怒。很多讨好型的人，也会使用这样的方式对亲人实施软控制。这也是一种不一致的沟通姿态。

和讨好型的人沟通，会有一种一拳打到棉花的感觉。

超理智

超理智型的应对姿态表达的是，一个人必须要有理性、智慧，凡事都要讲道理，要按照正确的方式去做。

在超理智的应对姿态里，重要的是情境，没有自我和他人。超理智的人，比较难以表达自己的感受，更倾向于表达自己的想法，而且这些想法也多容易上升到抽象的层面。他们不喜欢表达情绪，更喜欢解释和讲道理。在现实生活中，有时候很容易把理智和超理智混淆。理智的人，有感受，只是思考问题比较理性，他也能够同理别人的感受。但超理智的人不表达感受，也无法理解别人的感受。

超理智的身体雕塑：僵硬不动地站立挺直，脑袋微微上仰，两只手交叉放在胸前，眼睛略向上看。

超理智的思维状态很像电脑在运作，所以又被称为电脑型。和超理智的人沟通，会有一种一拳打到墙壁的感觉。

打岔

打岔的沟通姿态，很难形容。如果用一个人物形象形容打岔型的人，那就是《射雕英雄传》里的周伯通。他们通常很有趣、很滑稽，但是，永远无法很认真地和你谈一件正经事。

在这种沟通姿态中，自我、他人、情境全被忽视了。打岔有两种形式：一种是积极打岔，表现为参与沟通，但没有重点；一种是消极打岔，表现为选择逃避，不参与沟通。其实，这是打岔的人的生存姿态，即从任何有压力的话题上转移开。

打岔的身体雕塑：消极打岔——伸出一只手，推出去，将头扭向另一边，表示逃避和忽略。积极打岔——站着但驼背，两膝向内，手心向上，双臂伸出，头部歪向一边，摇晃、漫不经心的样子。

在四种沟通姿态中，打岔是最难应对的，因为其他三种不一致的沟通，至少还在沟通中，可是打岔其实就是封闭了沟通通道。和打岔型的人沟通，就像一拳打空的感觉。

沟通姿态说明

四种不一致的沟通姿态，只是我们常用的沟通模式。一个人并不是只有一种沟通模式，他可能在不同的情境中，会混合使用不同的模式。

在冲突和压力突然来临的时候，我们常用的往往是最熟悉的那种应对模式。沟通姿态没有对错，只是我们过去习得的一种应对方式和防御机制，大部分的人在没有学习之前，并不会意识到自己的沟通姿态有问题。当我们了解了沟通的几种姿态，我们就对自我有了觉察，再加以正确的学习，可以调整不一致的沟通姿态为一致的沟通姿态。

感受（Feeling）是信差

感受是我们在经历事件时所产生的情感体验。很多人分不清情绪和感受，其实二者的区分也不是那么明显。一般来说，情绪是感受的外显。感受在心里，有时候并不表达出来，但不等于没有。情绪则是表达出来的感受。

对于中国人来说，表达感受是困难的。我在做个案心理咨询的时候，询问个案的感受，他们常常会告诉我一个想法。比如说，他描述了一个很恶劣的事件，我问他：面对这样的场面，你有什么感受？他会回答：我觉得那个人太坏了。事实上，这是想法，而不是感受。感受是情感体验的相关词汇，比如高兴、生气、伤心、愤怒、委屈等。

感受有正面的，也有负面的。一般我们体验到正面的感受，比如开心、喜悦，我们并不觉得这有什么问题，就很欣喜地接受它。但如果我们产生了负面的感受，比如愤怒、伤心、失望，我们往往难以接受自己有负面的感受。

感受就像我们的信差，尤其是负面感受，它在提醒我们，似乎事情并不像我们想象的那么简单，但我们有感受来临的时候，恰是我们深入探索冰山最好的契机。负面的感受常常是由冰山下一层的想法和信念引起的。

中国人不擅长表达感受的原因是，我们长期生活在一种集体主义文化中，更关注人际关系的和谐而较少关注个人的情感体验。过去的这三十多年里，西方的个体心理学研究，为我们提供了大量的个体体验的研究，使得我们逐步开始关注个人情感体验。但是，大部分的人还是没有学会面对自己的感受。

关注感受，其实也可以进行练习。以下是一些常用的感受词汇，可以通过练习、觉察，逐步丰富自己的情感体验。

兴奋	快乐	愉悦	焦虑	忧愁	哀伤	愤怒	责任
失落	惊讶	忧郁	郁闷	消极	怀疑	自私	胆怯
紧张	放松	激动	关爱	自恋	自信	自嘲	讽刺
嘲笑	忌妒	羡慕	感伤	指责	惶恐	难过	温和
粗暴	压抑	可怜	自怜	可恨	纠结	欲望	需求
可爱	彷徨	痛苦	惭愧	悲哀	悲痛	痛恨	喜悦
惊喜	惊讶	开心	忐忑	幸福	甜蜜	平和	恐惧
恐慌	感动	平静	期待	忧虑	惬意	烦躁	惊喜
高兴	害怕	空虚	孤独	着急	悲伤	苦涩	自卑
伤心	喜欢	爱慕	心痛	心慌	懦弱	激情	亢奋
遗憾	内疚	愉快	傲慢	狠毒	阴险	坚强	尴尬
委屈	得意	有趣	疑虑	愧疚	烦躁	惊喜	高兴
害怕	空虚						

……

关于感受的词还有很多，大家可以自行探索。

想法/观点/信念（Perception）

一个人的信念和想法，不是一出生就有的。所有的信念和想法都是在成长过程中经由生活体验习得的。这套信念和想法，我们可以把它称之为信念系统，包含了我们对事物的态度、想法、思想、信念、规条、价值观、人生观、解释等。

需要注意的是，这一套信念系统，不一定就是我们记忆的事实，更多的是我们相信的事实。人的世界，除了客观存在的环境之外，大部分属于人所思所想"信以为真"的主观感受和信念。

观点有即时性，一般是我们对当下事件的态度和看法。但是观点也有持续性，如果我们形成了相对固定的信念系统，那么我们面对同类型的事件的时候，往往会形成一种固定的看法，难以改变。而面对这种事件的处理方式往往就会受到我们的信念系统的指导，形成刻板的规条。

比如，中国 1950、1960 年代出生的人，因为经历过饥饿的年代，所以会觉得吃饱饭是很重要的事，"人是铁，饭是钢，一顿不吃饿得慌"，对于他们来说，养育孩子，让他吃饱饭，是很重要的事，也是爱的表现。但是，他们的孩子，也就是 1980 年代出生的独生子女一代，没有这样的问题，他们的生活相对富足，没有体会过挨饿的感觉。这一代的独生子女，由于父母忙于生计导致的情感陪伴的匮乏感是真实的体验，所以 1980 后的这一代人结婚生了孩子以后，如果和老人家住在一起，就会出现很大的矛盾。帮忙照顾孙子孙女的祖父母辈，会认为吃饱饭是很重要的事，而 1980 后的父母却觉得，吃不吃饱饭不重要，情感陪伴很重要。双方如果没有在这一点上达成一致，就常常会爆发争吵。实际上，这是两代人信念系统的差异导致的矛盾。

个人的自我成长，改变旧有的不适用的信念系统非常重要，这需要一套专门的方法进行练习。

期待（Expectation）

期待就是一个人想要什么，想怎么做，希望发生什么。期待的产生，与原生家庭有关，大多来自于我们过去的未满足。

比如一个女孩，小的时候，父亲很忙，常常不在身边，那么，她就有一个想要父亲陪伴和重视的未满足期待，长大以后，当她有了伴侣，她就希望伴侣花很多时间陪她。如果不巧，她的伴侣也很忙碌，她就非常容易陷入童年模式，表现出抱怨和焦虑。

有些人会为了童年的未满足，付出一生的代价。它来源于过去，指导现在，又影响未来。

一个人的未满足期待，最直接影响的就是亲密关系。我们常常没有意识到，当我们在寻找人生伴侣的时候，其实是"未满足期待"在推动我们去寻找一个能够完成自我的期待的另一半。

期待是个人的事，每个人都有属于自己的、不同于别人的期待。探索未满足期待有助于我们直面真实自我。

渴望（Yearning）

如果说期待是个人的事，那么渴望则属于全人类。期待是想要，渴望是需要。渴望就像我们心灵的营养素一样，关乎心灵是丰足喜乐还是萎靡困顿。

人本主义心理学家马斯洛发展出了人的需要层次理论，认为人类普遍有吃、喝、睡、性等基本生理需要，安全感的需要，归属感的需要，爱的需要，尊重的需要，自我实现的需要。他认为，人的发展正是受着这些需要的推动。只有满足了基础层的需求，才能追求更上一层的需求。

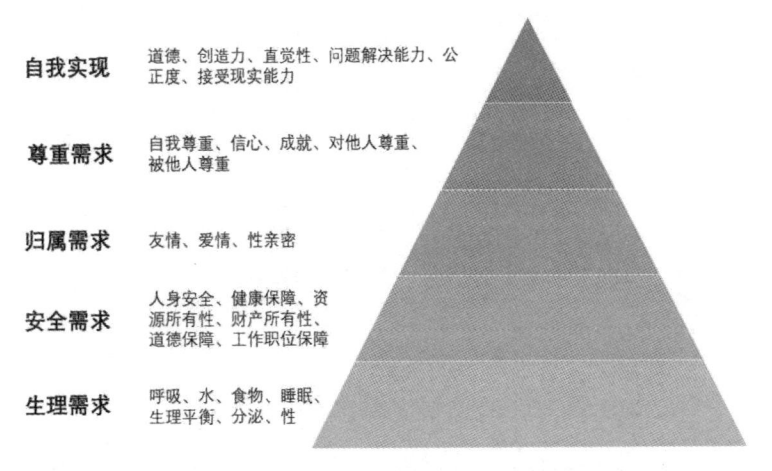

自我实现	道德、创造力、直觉性、问题解决能力、公正度、接受现实能力
尊重需求	自我尊重、信心、成就、对他人尊重、被他人尊重
归属需求	友情、爱情、性亲密
安全需求	人身安全、健康保障、资源所有性、财产所有性、道德保障、工作职位保障
生理需求	呼吸、水、食物、睡眠、生理平衡、分泌、性

萨提亚则认为人类普遍的心理需要主要有爱、价值、自由、尊重、认可、关注与接纳。

萨提亚理论的继承者之一，马来西亚的林文采博士通过20多年的个案咨询，总结出人类普遍需要的5大心理营养，这些心理营养一般在6岁之前，在原生家庭当中从父母那里获得，如果没有获得这些心理营养，或者心理营养不足，儿童就会把它发展成渴望，从而影响一生的行为模式。这些心理营养分别是，无条件接纳、重视、安全感、肯定赞美认同、价值感。

其实，无论是哪一位心理学家的研究，人类共通的需要大概就是这些：爱、安全感、价值感、认同、自由……

从出生那一刻起，婴儿就渴望这些心理营养，到临死之前，仍然还会持有这些渴望。我们满足这些渴望的方式，有两个路径，一是从原生家庭中获取，但是很多人成年以后，发现从父母那里获得这些是困难的，那么就需要第二条途径，自己满足自己，自己爱自己。而这个过程其实是一个学习的过程。好在，它是学得会的。

自我（Self）

萨提亚冰山的这一层是和生命力联结的。但是很多人，比较难以理解冰山的这个层次，一般就画到渴望这一层。

自我其实就是指人的本质，人的核心，即对"我是谁？""我和世界有什么关系？"这些问题的回答。这个自我与佛教中的第七识（末那识）有些类似，是关于自我的思量。

关于人类意识的研究其实已经进化到很深的层次，比如整合心理学家肯·威尔伯（Ken Wilber）的研究。在他看来，即使是冰山理论走到底层的自我层面，也不过是灵性最肤浅的层面。自我仍然没有和物质世界分离开来。比物质自我更深的层面还有人首马身（身心分离）、超个人（集体意识）、一体意识（物我一体，物我同源）。

冰山是一个了解自我的非常好的工具。现代人越来越关注个人的自我成长，但是不太健全的心理咨询系统和越来越昂贵的心理咨询费用，成为拦住很多人走向自我成长的障碍，如果能够学会冰山工具，使用这个工具来探索自我，我们自己就可以成为自己的咨询师。

冰山案例1：

一位刚刚入职学校的女老师，在上班的第二天，一个一年级的小男生在食堂里撩她的衣服，这让她很崩溃。但是，她又不知道为什么她明明知道这个不过是小男生的调皮行为，她却那么生气。于是，我们用冰山工具帮她做了一个自我的探索。

事件：入职第二天，一年级的小男生Y想撩我的衣服。

应对：指责。

感受：愤怒、焦虑、难以置信、尴尬

想法：

1. 他怎么可以这样？
2. 男生不应该随意撩女生的衣服。
3. 男生应该和女生保持一定的距离。
4. 我是老师，我有义务告诉他这些并纠正他错误的行为。

期待：人和人之间保持合理的界线。

渴望：独立自主、界线

这个案例挺有意思的，刚开始讨论的时候，大家都觉得应该是关于男女性别关系的冰山，可是讨论到后面，当发现她的渴望其实是独立自主和界线的时候，我们询问了她的原生家庭状况，发现她的父母小时候对她的生活干预太多，所以她一直觉得自己很受压抑，一直在满足父母的期待，而没有能够活出自己想要的独立自主的样子。而她的未满足期待就是，父母能够尊重她自己的决定，保持亲子关系中合理的界线。当她发现，原来表象事件不过是一个导火索，而真实的原因其实与表象没有关系的时候，她有两个收获：一、不再担心如何处理小男孩撩衣服这件事；二、她开始思考如何通过自我成长来不断获得独立自主的感受。这就是学习冰山带来的改变。

冰山案例 2：夫妻就同一件事的冰山，如何有效知道对方心里所想

一位女士，最近在家养了两条狗，夫妻俩常常因为狗狗的事情争执。

太太的冰山：

事件描述：家里养了两只狗，事先经过先生的同意，但是养了一段时间以后，先生很不高兴，觉得很不卫生，而且有狂犬病的安全隐患。两个人常常争吵。

应对：指责、打岔、讨好

感受：伤心、难过、生气、不安

想法：

1. 为什么男人结婚以后就会变？

2. 结婚前你就知道我养狗了，怎么结婚以后你反而不让我养狗了呢？

3. 你常常出差，我一个人在家带着孩子很害怕，养狗狗让我有安全感。

期待：先生看见我的感受，同意我养狗。

渴望：安全感、重视

先生的冰山：

事件描述同上。

应对：指责

感受：无奈、郁闷、悲哀

想法：

1. 小狗整天在家乱排泄，又脏又臭，非常不卫生，严重影响生活秩序。

2. 养狗还存在狂犬病风险，而且狂犬病发，死亡率是100%。

3. 家里人如果被咬了怎么办？

期待：家里人健健康康地生活。

渴望：安全感、责任

事实上，这一对夫妻的冰山是经过咨询师整理的，案主本人在画冰山的过程中，思路并没有这么清晰，但是在咨询师的帮助下，我们看见了问题的症结并不在于养不养狗。尤其是在我们做了更多的细节了解后，发现了两个重要的讯息。女主人小时候因为父母比较忙，常常一个人在家，养狗对她来说，是对寂寞的一种安慰，狗是她的朋友。18～20岁那段时间，她独居在家，家里曾经来过三次小偷，都是被狗狗的叫声赶跑的，所以狗狗对她来说还是安全的卫士。而男主人在青年时代有一位好朋友的父亲被狗咬了，不幸感染狂犬病去世，这给他留下了很深的印象。而且他本人是从事安全工作的，所以对安全问题特别关注。

当我们搜集细节、整理冰山之后，发现女主人想要的其实是男主人关切的爱，而男主人想表达的是对家庭的爱和责任，至此所有的争吵已经没有了基础，我们看见了两人共同的对于家庭的爱和责任。两座冰山轰然化解。

练习：画冰山和冰山提问

根据冰山逻辑，进行冰山练习。针对一个具体的事件、情绪或者信念……都可以画冰山。

一些同学会觉得冰山理论看上去似乎很容易，但是做起来却很难，那么我们也可以使用一些"冰山逻辑"的问题来进行练习。

一、行为/事件/语言

1. 发生了什么？（时间、地点、人物）

2. 是谁？他们说什么？做什么？

3. 他们怎么了？

二、应对

1. 你是怎么应对这件事的？

2. 你说了什么？做了什么？

3. 这是一种什么态度？（指责、讨好、超理智、打岔）

三、感受

1. 面对这个事件/行为，你有什么感受/情绪？

2. 当你发现自己有这样的感受的时候，你的感受是什么？

四、想法

1. 是什么让你有这样的感受？

2. 为什么你会有这样的感受？

3. 当你意识到你有这些感受的时候，你想到了什么？

4. 从你的角度，这个问题/事件该怎么解决？

5. 你对这件事的看法/观点是什么？

6. 在你看来，什么是对的，什么是错的？

7. 你认为怎么做才是好的，怎么做是不好的？

8. 你的观点来自哪里？

9. 你为什么会采用这样的处理方式？

五、期待

1. 对方该怎样表现才会令你满意？

2. 你怎么做别人才会满意?
3. 什么是你真正想要的?

六、渴望

1. 你在害怕什么?
2. 你内在的渴望是什么?
3. 如果没有这些恐惧,你想要的是什么?

第二节　冰山的转化

学会画冰山，是自我觉察的第一步。我们通过大量的冰山练习，发现自己的非理性想法、未满足期待和未完成渴望，我们还需要对这些部分进行转化。学会画冰山，只是看见自己；学会转化，才是真正地开始改变。

行为层——用事实说话

行为层，也称事实层。在画冰山的时候，通常我们需要描述一个事实/事件。但是我们很多人在描述事件的时候，伴随着很多情绪、感受、想法，使得事件描述过程本身成了一个情绪混杂体，这并不利于冰山的整理。所以，我们先要学会用事实说话。

什么是用事实说话呢？就是只描述简单的时间、地点、人物、发生了什么事，不掺杂感受和观点在里面。需要注意的原则是具体、客观、公正、不带评判。

比较两句话：

这一周，你总是迟到。

这一周，你一共迟到了三次，分别是周一、周四和周五,各迟到了10分钟左右。

第一句属于评判,第二句就属于描述具体事实。我们平时在沟通过程中,常常无意识地给他人做概括式的评判,比如某某常常迟到,某某总是说话不算话。当我们出现"常常""总是""经常"这些词汇的时候,往往意味着我们在偏离事实进行描述式判断。而这样的词汇出现的同时,也意味着我们开始使用指责的沟通姿态。

比如,在养狗的个案中,在未整理的冰山里,女主人的描述中就出现了:"我喜欢养狗,可是他总是反对。他常常这样,当我提出一个想法的时候,他就会持反对意见。"这样的描述充满了指责,不利于沟通的开展。

所以,我们把事实描述进行了调整:"两个月前,我同他商量,家里想要养两只狗,他同意了。但是,狗狗来到家里这两个月,我们已经有3次因为卫生的问题和安全的问题爆发了争吵。"这样的描述就比较接近客观描述,有利于沟通的展开。

感受层——舒放情绪、接纳感受

感觉、情绪、感受如何划分

汉语词汇的含义很丰富,有时候也会很模糊,很多人无法有效地区分感觉、情绪、感受三个词汇。

感觉其实就是我们对作用于五官的客观事实的反应,就是视觉、听觉、嗅觉、味觉、触觉这些感官的直接反应。

对感觉加上观点和判断,就成了感受。

情绪和感受是最容易混淆的词汇，情绪可以理解为感受的外显。有的时候，我们产生了感受，但是在表面并不直接显发出来，而情绪是指显发出来的感受。

例如，我和人约会，对方迟到了，我看到他来晚了，这是感觉；我认为迟到是不对的，这个让我对他很不满，这就是感受；因为感觉到这样不对，所以我生气了，这就是情绪。

情绪不能管理，只能舒放

"情绪管理"这个词，近几年很受欢迎。但事实是，情绪就如同我们的内在不断产生的垃圾，无论你怎么管理，它是无法消失不见的。而且很多人把情绪管理视同为情绪的抑制，这就更是不科学的。

处理情绪比较好的方法其实是舒放。

舒放情绪的方式有很多。比如：

说。女性在情绪来临的时候，总喜欢找闺蜜吐槽，每次说的时候，其实就是在舒放情绪，只要有人听，她就好很多。所以，在传统的心理治疗中，有效倾听本身就具有治疗作用。很多女性在情绪来临时，常常找先生诉说，遗憾的是，先生不知道其实太太找他诉说只是需要舒放一下情绪，并不需要什么解决方案。先生又非常容易聚焦在太太所诉说的事件上，而快速切换到事件解决模式，出了一大堆主意，结果问题不仅没有解决，太太反而更生气了，因为她的情绪没有得到舒放，她感觉她没有被听见，没有被看见。

书写。书写是舒放情绪非常好的方式。很多人在博客、微博、微信上通过书写的方式，舒放自己的情绪。这种方式是正常的，但是，如果把正常舒放情绪变成泄私愤，就非常容易引起网络暴力。所谓网络暴力，其实就是大量强烈负面情绪的非理性舒放。

唱歌。据研究表明，唱歌可能是排名最靠前的舒放情绪、达到身心平衡的一种方式。美国老年学研究中心通过调查发现，歌剧演唱家的心脏功能和普通人相比更加活跃。练习唱歌不仅可以增强人的心肺功能、保持大脑活力，最重要的，它起到了舒放情绪的作用。在高声唱歌的过程中，郁结于心的情绪得到了释放。

运动。运动是非常好的舒放情绪的方式。很多心理咨询师都建议，抑郁症患者可以通过长期坚持散步来舒放抑郁的情绪，每天 45 分钟，一周超过 5 次，坚持三个月以上，就可以使抑郁情绪得到有效缓解。

艺术。画画、跳舞、弹琴……这些活动都有助于情绪的舒放。

融入自然。自然是人类的起源，可以说，人类的始祖生活在丛林中，在丛林中跳跃、奔跑、狩猎……就像野猴子一样。当我们的情绪满到无处释放的时候，回到自然，融入自然，往往会让我们胸襟开阔，烦恼随之而去。

每个人的方法都不同

每个人都可以找到适合自己的舒放情绪的方式。我有两个女儿，一个细腻敏感，一个懵懂可爱。她们俩舒放情绪的方式，就不太一样。比如大女儿，细腻敏感，常常会因为一些很小的事情有情绪，但是，在她9岁左右，我忽然发现她找到了一种适合自己的舒放情绪的方式。那就是，看书。常常刚跟我争执，气得似乎要离家出走的样子，我到一旁冷静，过几分钟回头去看她，她已经在看书了。大约看完一本书，半个小时到一个小时左右的时间，我发现她的情绪自然就消失了。

小女儿情绪不多，但每次情绪爆发的时候都非常激烈，属于不鸣则已，一鸣惊人的类型。而她舒放情绪的方式，则是一个人呆着。有一次，她自己发了好大的脾气，我们怎么安慰她都没用，只好让她一个人呆着，差不多也是过了半个小时左右的时间，她自己出来了，心情平和愉快。我问她发生了什么，她告诉我，自己一个人呆着也挺好的，没有别人来打扰，仿佛坐在竹林中的静谧。那个时候，她7岁。

我舒放情绪的方式比较多，比较喜欢的方式是到大自然中去散步。一圈一圈地走，走着走着，心境就舒朗了。所以，情绪的舒放没有定法，每个人都可以找到适合自己的方式。

情绪是信差

很多人很害怕情绪，尤其是负面情绪。汉语有"宠辱不惊"一词，意思就是一个人的情绪不受外在评判的影响。还有"喜怒不形于色"一语，其实这些都是抑制情绪的一种表现。

由于这种长期的社会文化影响，以及相伴而生的家庭教养，我们会把有情绪当作一件很糟糕的事情，好像它是一个坏东西，需要去管理它。其实，情绪的本质是不好不坏的。激发它的，多半是现实的事件,以及我们对事件的感受。改变事件或管理情绪,对于一个人的成长来说,裨益不大。只有改变一个人的整体状态、认知水平、信念系统,才能彻底改变一个人的行为模式和情绪状态。

当我们明白这个道理,就不会那么害怕情绪,而会把每一个情绪来临的时刻,当作一个提醒:哦,又有什么事情激发了我的"冰山",我要看一看。

情绪就是那个送信的信差,它不是内容本身。所以,管理信差,并不能解决内容本身的问题,如果我们通过情绪管理而将信差拒之门外,对于一个人的成长是没有好处的。

为自己的情绪负责

转化情绪最好的方式,不是抑制它,也不是管理它,而是学会为情绪负责。因为情绪是个人自己的,与他人无关。

曾经有一个学员跟我说,她很气她老公,她用了一个很好的比喻,说他常常"点火"。后来我告诉她,你老公只是打火机,你自己内在的感受一大堆,那才是柴。如果你的内在感受基本处理好,他就算有打火机,也点不燃。这么说起来,事件就是那个打火机,感受就是柴,而情绪就是燃烧起来的火焰。因此,关掉打火机或抑制火焰都是解决不了柴还在的问题。要让火不被点燃的方式是解决柴的问题,而这个需要一些方法和时间。

所以,我认为,真正的情绪管理其实应该是感受的管理,先把自己的"柴"分分类,理清楚,堆放好。这样以后也不容易一点就着。更好的做法自然是把柴都处理了。但，这需要时间。在做到这个理想目标之前，起码先养成新的观念，那就是，柴是我的，别人只是点了火。所以，我可以为我的柴负责，而不必去责怪那个点火的人。

觉察和接纳我们的感受

为自己的情绪负责，也就是为自己的感受负责，因为感受已经很接近信念系统了。通过整理转化信念系统，有助于我们整理感受。我们面对自己的感受要做的只有两点：觉察和接纳，也就是看见和放下。

每当感受升起，刺激情绪出现，信差又来提醒我们了，这时我们就可以对感受说：

我看见了，我听见了。我确信它是有意义的，有些东西需要被看见和被疗愈。谢谢你，来到我身体里，让我知道，我有很多未完成未处理的部分。我开始知道，这是与我有关，而不能责怪别人的部分。也许我还没有能力马上就处理好这个部分，但是，我看见了，我接纳你，接纳你就是我的一部分。

当感受来临，让我们手足无措的时候，我们可以试着深呼吸一下，在心里对自己念诵这样的冥想词，我们的感受就会安静下来，和情绪在一起。这是很好的一种练习，试试看。

最有效的情绪释放技术——EFT

EFT是我目前亲自体验过，效果最为直接的情绪释放工具。

它其实是两种疗法的结合——暴露疗法＋（中医）无针灸疗法。

1979年，美国咨询师卡拉汉在给一个叫做玛丽的恐水症患者进行治疗的时候，玛丽表示胃有些不舒服。卡拉汉因为曾经研究过中医的穴位疗法，想起敲击眼睛底下的一个穴位能够缓解胃的问题。于是，他就教玛丽敲击。玛丽照着卡拉汉医生的话做了，让他们惊奇的是，仅仅敲击了几分钟，玛丽就突然大叫："没有了，现在想到谁，我的不舒适感完全消失了。"后来，玛丽发现，她的恐水症也消失了，而且是永远消失了，不再复发。

卡拉汉受到启发，开始研究穴位和心理治疗的关系。他自创了整套的敲击规则，不同症状按不同的顺序敲击不同的部位。

后来，一个叫加里·克雷格的人学习并实践了卡拉汉医生的敲击规则，他认为敲击顺序不如敲击本身重要，于是他结构了卡拉汉的手法，形成了一套固定的敲击顺序，形成了后来的情绪释放疗法（Emotional Freedom Techniques）。

尼克·奥特纳在《轻疗愈》这本书中详细地介绍了经过不同的实践者不断完善过的情绪释放疗法。

情绪释放疗法一共分八步：

1. 找到你的"压力王事件"（Most Pressing Issue，MPI），同时想几个词作为提示语。

2. 用主观焦虑评分为你的"压力王事件"打分。

3. 认真拟定一份问题描述语，把"压力王事件"填进空白处：尽管_____，我还是全然地接纳我自己。

4. 用一只手的四根手指敲击另一只手的手刀点（见图），

同时将问题描述语重复 3 遍。

5. 依次敲击身体的 8 个部位，同时大声说出"压力王事件"的提示语。每个部位敲击 5~7 次。

6. 将 8 个部位敲击一遍后，做个深呼吸。

7. 再次用主观焦虑评分为你的"压力王事件"打分，检查效果。

8. 重复以上步骤，或寻找其他"压力王事件"再次进行治疗。

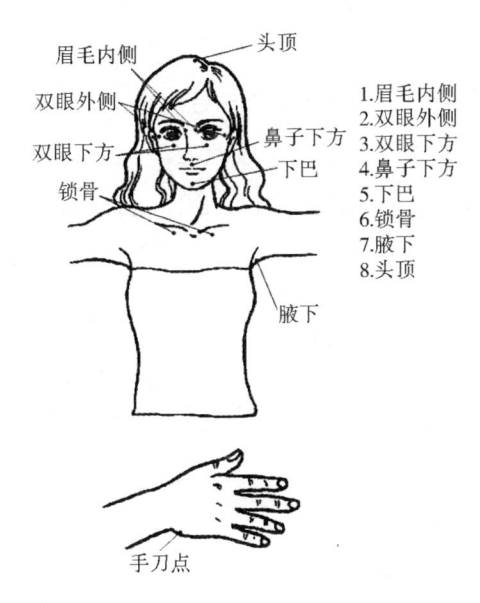

1. 眉毛内侧
2. 双眼外侧
3. 双眼下方
4. 鼻子下方
5. 下巴
6. 锁骨
7. 腋下
8. 头顶

手刀点

想法层——信念的系统性转化

关于想法/信念/观点的转化，应该是心理学家们研究最多的一个主题，直接催生了一个大的心理咨询流派——认知行为疗法，即通过改变认知来调整行为模式的治疗方法。这一派的心理学家认为，人的认知存在一个 ABC 模式，A 指事件行为，B 指关于事件行为的想法/信念/观点，C 指行为后果。认知疗法的心理学家认为，影响人的不是事件 A，而是我们关于事件的看法 B，所以，如果想要改变行为后果 C，关键在于调整 B。这一派心理学家中，最典型的就是理性情绪行为疗法的创始人艾利斯，他直接总结了认知疗法的 ABC 模型，并提出了 ABCDE 的转化法。D 就是转化，E 就是新的行为结果。

理性情绪行为疗法关于"非理性想法"的描述

理性情绪行为疗法的支持者认为，人类生来就有理性和非理性两种思维方式。理性思维和非理性思维呈现为如下不同：

理性思维	非理性思维
理性思维建立在实际经验基础之上；正确认识事物；和需求相反——更愿意事情按照自己的希望发展；不诅咒自己、他人和生活；抗挫折能力强，具有健康的合理情绪。	夸大，把事情往坏处想并且将其灾难化；要求（认为应该、必须、应当）事情向自己希望的那个方向发展；批评指责；抗挫折能力弱；产生不健康的负面情绪。

非理性想法主要来源于三个途径：一、来源于原生家庭的信念系统；二、大众文化传媒的传播；三、自己的创造性编造。其中，以来源于原生家庭的非理性信念系统最为顽固。

非理性想法中，最突出的表达方式是"应该""必须""如果……就……""只有……才……"当我们的表达系统中出现大量这样的句式，可能意味着我们处于非理性想法的通道里了。

有意思的是，非理性想法常常以一种非常"有用"且看起来"合理"的方式存在于我们的大脑里。比如：

不能浪费时间，如果浪费时间，就是对生命不负责任；

子女必须孝顺父母；

孩子要好好读书，如果不好好读书，就没有未来；

良好的生活习惯十分重要，如果没有养成良好的生活习惯，孩子以后就不能获得事业上的成功；

对人要友善，否则，这个人的情商就不够高，也不能为自己获得比较好的人缘；

……

诸如此类，看起来都很有道理、"三观"很正的样子。但是，事实是，如果我们非常坚持这样的信念，而不允许弹性的存在，不考虑情境，不考虑个人因素，这些看起来很有道理的想法就会变成非理性想法，限制了个人的发展。

克服非理性想法的关键在于：

1. 识别出非理性想法，并找出它们如何引起不快乐和困惑；

2. 和这些非理性想法做辩论；

3. 对非理性想法进行反思，用理性的、自助的方式重新描述这些信念。

与非理性想法的辩论（D）

与非理性想法辩论的方式主要有三种：

1. 现实辩论。通过调查非理性想法背后实实在在的事件，对非理性想法进行质疑。通常我们可以询问的问题包括：

支持我非要坚持这个观点的事实依据是什么？

这是事实的全部吗？

哪里明文规定了？

真的那么糟糕透顶吗？

我真的不能忍受吗？

2. 逻辑辩论。通过这种辩论方法，调查非理性想法的潜在逻辑。可以询问的问题包括：

我的想法合乎逻辑吗？

这个观点是不是我的爱好？

如果在这一点上表现差，我是不是就不能得到别人的认可？

如果我没有做到，是否就会因此被否定？

3. 实用辩论。通过这个辩论，研究持有非理性想法的实际后果。可以询问的问题有：

持有这种观点对我是有帮助还是有害？

如果我坚持自己必须要做好，自己总要得到别人的认可，我会得到什么样的结果？

		如果孩子不好好学习，那么他将来就考不上大学，未来就没有成就。
事实辩论	支持我非要坚持这个观点的依据是什么？	现实生活有很多这样的案例，如果孩子小时候读书读得不好，长大以后就没有成就。
	这是事实的全部吗？	并不是。现实生活中，还是有很多相反的例子，小的时候读书成绩并不怎么样，但是后来还是取得了成就。
	真的那么糟糕透顶吗？	如果孩子不好好读书，可能对我是糟糕透顶，但并不是所有的父母都这么觉得。其实，这是我自己的问题。
逻辑辩论	我的想法合乎逻辑吗？	我的想法有一定道理，但我发现，它不代表全部，也意味着，逻辑并不是完全成立的。
	这个观点是不是我的爱好？	看起来好像确实是我比较在乎这件事。
	如果在这一点上表现差，我是不是就无法得到别人的认可？	不是的。孩子教育只是别人认可我的一部分，除了是孩子的父母，我还有很多别的角色，比如工作、社交，一样也可以得到别人的认可。
	如果我没有做到，会不会被否定？	不完全。也许只是在父母监督孩子的学习这个部分表现不够好，但不意味着被否定。

续表

实用辩论	持有这个观点对我有益还是有害？	这个得分两个方面说。持有这个观点，有利于我寻找好的方法促进孩子的学习。但是，如果过于执着这个观点，也可能破坏了我和孩子之间的关系。看到很多类似的新闻，都是因为父母过度关注孩子的学习，而忽略了孩子的心理成长，导致孩子发展不好的案例。这个我要引以为戒。当然，二者兼得，可能是比较好的。
	如果我坚持一定要做到这个部分，会有什么结果？	如果我坚持，孩子不配合，结果可能是孩子和我的关系被破坏。如果我坚持，孩子配合，自然是好的。我要想想最好的方案到底是什么。

这就是一个辩论的过程，辩论的本身不是目的，通过辩论得出新的结论 E 才是辩论的目的。

非理性想法的辩论及转化（E）

通过以上的 D 过程的辩论，我们可以把非理性想法进行这样的转化：

原来在我的想法里，如果孩子不好好读书，那么就有可能考不上好的大学，就没有好的未来。这个想法让我非常焦虑，使得我在实际的行为中就会过度关注孩子的学习。但是效果并不理想。通过事实、逻辑和实用的三重辩论，我的想法发生了如下调整：

1. 大量的事实表明，读好书，将来取得成就，并不是唯一的一条成长路径，很多孩子小时候在读书方面并没有取得好的成绩，但长大以后依然有成就。

2. 搞好孩子的学习这件事，对我很重要，但是它并不是我人生的全部意义。除了做一个好母亲，帮助孩子获得好的学习成绩，我还可以在其他的角色上取得成就，获得别人的认可。我很在乎孩子的学习，但我没有必要把自己人生的喜乐和孩子的学习捆绑在一起。

3. 每一个孩子都有自己的路。我们能够一起努力，把学习搞好，固然是好的。但是，如果我过于执着这个观点，从而导致我和孩子之间的关系被破坏，也许得不偿失。我可以试着看见除了学习之外，孩子其他方面的优点。这会是一个好方法。

4. 即便我依然坚持孩子必须学习好这个观点，我也发现，这不是我坚持一个观点的问题，而应该是我和孩子要共同学习如何做到的事。当我这样想的时候，我发现自己没有那么焦虑了，我会更聚焦在个人的成长和与孩子一同寻求好的解决方案上。

对非理性想法的辩论和整理，有助于我们离开引起我们复杂情绪的事件，而聚焦在改变的可能性上。当情绪被看见，想法被转化，办法自然会出来。

期待层——如何转化未完成期待

期待就是某些我们想要的东西。它来源于原生家庭的某些未满足,也来源于成年之后的某些未实现,有些期待是现实的遗憾造成的,有些期待则来源于受媒体或想象的影响。每个人的期待是不同的。有些人穷尽一生都在追求自己期待的满足和实现。

萨提亚女士把期待分成了三类:

我对自己的期待,就是我希望自己成为一个什么样的人。

我对他人的期待,就是我对别人的要求。

他人对我的期待,就是别人对我的要求。

克里斯托福·孟说过,通往地狱之路,是用期望铺成的。当我们对自己的期待没有完成的时候,我们会陷入抑郁和焦虑。比如,一个人期待自己在别人的眼里是自信、优雅、美丽的,但事实是,她长相不佳,语言乏味,人缘不佳。如果她意识到自己并没有完成对自己的期待,那么她就有可能因为对自己不满意,而陷入抑郁;也有可能因为对自己不满意,又找不到合适的方法,病急乱投医地陷入不断找方法、不断失败的焦虑当中。

如果我们对他人的期待没有实现,我们可能会产生愤怒的情绪,对对方充满指责。比如,我们期待孩子能够学习自觉,但是孩子却不喜欢学习,不能够及时完成作业,成绩也很糟糕。那么,我们不仅会陷入"我是一个失败的父亲或母亲"的糟糕想法里,同时也会对孩子充满指责。很多人都没有意识到,有的时候,我们对别人的指责,其实是因为对方没有完成我们对他的期待。这种期待很容易使夫妻关系陷入僵局,亲子关系变得紧张;如果是在工作中,则使同事关系有了嫌隙。处理好关系的前提条件是,我们能够管理好自己对别人的期待。

大部分人没有意识到,我们常常活在别人的期待里而不自知。这种期待,绝大部分来源于原生家庭,是父母从小给我们灌输的观念。比如,有些人明明喜欢艺术,可是却因为父母是企业主,需要孩子未来继承家业,而不得不选择学习经营管理。活在他人的期待里,是世界上最痛苦的事情之一。坎贝尔曾经说过:有时我们一路爬到人生梦想的顶端,才发现我们是为别人而活。这是人生很大的悲哀。

案例分享

曾经有一个学员,跟我讲述她的痛苦。她很想努力学习进步,可是实际行动却表现得极其拖延,在无聊的事情上浪费很多时间,比如可以花两个小时逛淘宝,也不肯拿起书本看书。于是,我就和她一起画了一座她的冰山。

事件/行为	不管什么事,都拖到最后期限才做
应对	指责
感受	愤怒、伤心、无能、失望、尴尬、侥幸
想法	1. 我这个人怎么这么差劲; 2. 明明知道这个毛病不好,却总也改不了; 3. 这么差劲的我,这辈子能做成什么; 4. 这样的我,根本不可能成功; 5. 既然这样,我还努力做什么呢?
期待	不用付出努力,也能获得成功。
渴望	独立自主,价值感

这位学员家里有企业需要继承，可是她又感觉到自己能力不够。有想要成功的愿望，但是不能付诸努力，又不想行动太多。所以，两个"我"一打架，就以拖延症的行为方式表现出来。

拖延症很大程度上源于内在的焦虑。而焦虑的来源，则是理想和现实之间的差距。理想与现实差距越大，那么焦虑的情况就越严重。因为潜意识里察觉到自己的理想和现实的差距太大，而在行动上表现为"那干脆就别做了，做了也不会有什么用"的拖延症。就是说，一个孩子想考100分，可是按他现在实际能力只能考10分。如果孩子发现这一点，他往往不会行动起来奋起直追，而是宁愿躺在床上唉声叹气。其实，如果想考100分，起点至少在80分以上比较容易实现目标。而基础只有10分的同学，为自己制订一个下一次考15分的目标才比较有动力。

在这个案例中，案主的期待就包含对自己的期待、对别人的期待和别人对她的期待。她拖延的原因是，潜意识里意识到自己可能无法完成这些期待。

家人希望她继承家业或者对家业有帮助，但她感觉自己的能力不足，有可能让家人失望。

自己对他人的期待是，更多人能够帮助她取得成功。

自己对自己的期待是，希望自己能够成功，满足家人的期待，但是又没有行动力和实际的能力来支撑，所以呈现为价值感不足。

后来，这位学员意识到自己的期待和自己的实际能力之间竟然有如此大的差距，她迈出了非常重要的一步：她开始学习了，而且在学习的过程中，学会制订小目标。通过一个个小目标的实现，她逐步相信自己可以离大目标越来越近，并且她给了自己比较长的时间去实现它——十年，而不是期待一觉醒来，成功降临在她的头上。后来她的行动能力越来越强，拖延症自然也就消失了。

如何转化未满足的期待

从上述的案例可以看出，如果我们无法完成期待，就很容易陷入各种复杂的情绪当中。那么，我们如何处理未满足的期待呢？

方法有如下四种：

1. 放下期待

有些期待，是无法满足的。比如，一个人期待自己可以登上火星，或者期待自己能够变得像志玲姐姐这么美。像这一类不切实际的期待，最好的转化方式就是放下它。

还有一些人，执着于无法兑现的期待。比如，小时候他期待他的父亲能够肯定他、赞美他，可是父亲已经去世了，如果他还怀抱这个期待，必然痛苦一生，因为这个期待他永远也实现不了了。如果在咨询室里，咨询师有能力可以帮助案主来处理这一类型的期待。

怀抱这种无法完成的期待，就好像背着一块大石头过日子，每天带着它，消耗了很多能量，不如放下这块石头，获得海阔天空的人生。

2. 降低期待

有时候,我们会期待一个完美的人生。比如,优秀又有实力的老公、乖巧的孩子、靠谱的公婆、人人羡慕的事业……就像活在电视剧里那些人生赢家的剧本。但现实可能是,老公能力一般,嘴巴也不够甜,不高大也不很帅;孩子呢,成绩平平,不是学霸;工作吧,不上不下,刚能糊口……

面对理想与现实的差距,如果我们还怀抱完美主义的期待,可能就会陷入焦虑和抑郁。但是如果我们能够接纳不完美,降低期待,也许会有不一样的视角:老公虽然不是霸道总裁范儿,但是至少顾家懂得疼人;孩子虽然不是学霸,但胜在善良温暖,讨人喜欢;工作收入不高,但胜在时间自由,可以照顾家庭……当我们放下完美主义的期待,转而接纳现实的美好,就会发现自己已经是一个隐藏的人生赢家了。

3. 为了满足期待而工作

就上述那个案例来说,因为案主年纪还很轻,而且有学习基础,内心又有努力的意愿,所以我们转化期待的做法是鼓励案主为了满足期待而工作。结果是,这位学员最终选择了一条努力进取的路,后来考上了医学博士,虽然在学习的过程中,常常还是会表现为不同程度的拖延,想放弃,但是在大家的鼓励下,还是一步步坚持了过来。通过两年的努力工作和学习,她的价值感慢慢提升了。

4. 回到渴望的层次

渴望是比期待更深的一个层次,也就是说,是更加根源的层次。很多期待都是表面现象,来源于一个更深层次的渴望。

如果能够在渴望层面解决，那么期待自然化解。这个方法，我们可以在渴望的转化层面进行学习。

渴望层——心灵深处的呐喊

萨提亚认为，人类普遍的渴望有爱、价值、自由、尊重、认可、关注与接纳。

萨提亚治疗模式的继承者之一，马来西亚的林文采博士，在超过 1000 个儿童个案的咨询和整理后，总结出了儿童所需要的五大心理营养。这五大心理营养就像我们身体所需的营养素一样重要，如果缺失了，就会给我们带来"渴望的匮乏"。（参见本书第 93 页"心理营养"一节）

大部分"渴望的匮乏"来源于童年时期的经历，而童年已经过去，我们无法返回童年去满足我们的渴望。即使父母健在，我们也无法要求年迈的父母，根据我们的要求去改变他们对待我们的模式，以满足我们的渴望。所以，满足渴望最好的方式，是自己给自己。用林文采博士的话说就是，25 岁以后，每个人都可以做自己的好父母，满足自己的渴望。

以下是自己满足自己渴望的一些方法，大多来源于学员的总结归纳。

未满足的渴望	自己可以做的事
无条件接纳	1. 允许自己有负面情绪，接纳自己暂时没有能力处理好目前的问题，或者寻找懂你的朋友倾诉； 2. 做错事的时候，允许自己做不好，告诉自己：人非圣贤，孰能无过； 3. 当和别人见解冲突的时候，允许别人和自己有不同的看法，也接纳自己与别人看法不同。
重视	1. 自己的决定自己做，为自己承担起责任； 2. 仪式感（包括特殊的日子给自己买花，给自己送礼物以及珍爱自己）； 3. 重视自己的感受，照顾自己的需求； 4. 愿意在自己身上花时间。
安全感	1. 相信自己可以做好这件事； 2. 承担决定的后果，为它负责任； 3. 好好规划自己的生活，包括时间和金钱； 4. 降低一些对他人的期待； 5. 试着信任别人； 6. 及时肯定自己的努力和能力； 7. 经营好亲密关系； 8. 努力提升自己的能力，在每一件成功完成的事情中获得自我效能感； 9. 提前规划，使事情能够按照计划完成，并及时肯定和鼓励自己；

续表

未满足的渴望	自己可以做的事
	10. 建立良好的人际关系； 11. 宗教上的慰藉； 12. 学会理性的判断。
肯定赞美认同（价值感）	1. 得到别人对自己做某件事的肯定时，微笑着接纳； 2. 参加工作，在做好每一件事情（哪怕是很小的事情）的时候，及时给与自己肯定和鼓励； 3. 得到别人好的反馈，自己在心里给自己点赞，即使别人没有及时正向反馈，也要肯定自己努力的勇气； 4. 勇敢地为自己做决定； 5. 在团体中，敢于表达自己的意见，当意见被采纳的时候，及时肯定自己。
尊重	1. 爱敬自己，爱敬他人； 2. 尊重每个人（包括自己）的观点，不妄加评判，不贴标签； 3. 爱惜自己的身体，尊重自己的身体； 4. 尊重自己的需求，也尊重别人的。
独立自主	1. 参加工作，为自己的选择负责； 2. 努力工作，获得经济独立； 3. 学习成长，获得思想独立； 4. 自己的事情，尽量自己做。在需要别人协同的时候，也相信自己是值得别人帮助的。

续表

未满足的渴望	自己可以做的事
爱	1. 爱护自己的身体； 2. 看见自己的情绪和需求； 3. 尊重自己的想法； 4. 正视自己的期待； 5. 接纳自己的渴望； 6. 全方位地接受自己。
自由	1. 给自己单独的时间和空间； 2. 参加工作，经济独立； 3. 认真学习成长，思想独立； 4. 对自己的决定负责，为自己的选择承担责任； 5. 允许自己和别人不一样，也允许别人和自己不一样。

满足自己渴望的方式还有很多，上述只是一些示范，其实每个人都可以找出很多方式来满足自己的渴望。当我们的渴望得到满足，"冰山"自然融化。当然，如果我们有很好的运气，夫妻恰好都学习了"转化冰山"的方法，那么也可以和伴侣共同努力，一起化解冰山。

因爱化解的冰山

前文曾经提到一对夫妻因为家里是否养狗而起了争执。在这个案例中，比较幸运的是，夫妻双方都参加了学习，化解冰山就变得比较容易。

案主自己原来画的冰山是这样的：

事件	因为养狗的事情，先生经常唠叨，说狗狗随地大小便，不卫生，而且还有狂犬病的隐患，两个人经常因为此事发生冲突。
应对	指责、打岔、讨好
感受	伤心、难过、生气、不安
想法	1. 为什么男人结婚以后会变？ 2. 你认识我的时候，我就养狗了，谈恋爱的时候，还陪我遛过狗，怎么现在就不能养了？ 3. 你经常出差，我一个人在家里很害怕，又不能在孩子面前表现出来。家里养狗，让我比较有安全感（狗狗确实赶走过三次小偷）。 4. 为了迁就你，我已经把狗关在阳台了。 5. 狗狗随地大小便是因为被你关在阳台引起的抗议，现在每天带到楼下溜达已经解决这个问题了。 6. 疫苗我每年都打，不存在什么狂犬病的问题。 7. 狗狗对我是家人一样的存在，我不能抛弃它。 8. 养狗对孩子也有好处，可以培养孩子善良、有责任感的品质。
期待	先生能够同意家里养狗
渴望	安全感、重视、爱

在这座冰山里，案主释放了非常多的讯息，想法层面也有点跳跃，谈了好几个方面的问题，但是因为个案咨询时间不足，所以在处理的时候，我建议她聚焦在一个她最关注的点上来化解这座"冰山"，看看自己真实的渴望究竟是什么。

核实和转化之后，冰山变成了这样：

冰山层次	内容	转化
事件	家里养了两条狗,事先经过先生的同意,但是养了一段时间以后,先生很不高兴,觉得很不卫生,而且有狂犬病的安全隐患。两个人常常争吵。	
感受	伤心、难过、生气、不安	
想法	1. 为什么男人结婚以后就会变?	这是我的个人感受,事实是,他有一些和婚前不一样的行为,但他的大部分品质其实并没有变化。我想表达的其实是,他没有结婚前那么重视我了。
	2. 结婚之前你就知道我养狗了,怎么结婚以后,你反倒不同意了?	结婚以前,你知道我养狗,只不过是因为我们还没有一起生活,你并不需要和狗狗一起生活。结婚以后,尤其生了孩子,家里的情况有所变化,你对狗狗的卫生和狂犬病隐患给孩子带来的风险有担心,是可以理解的。

续表

冰山层次	内容	转化
	3. 你常常出差,我一个人在家很害怕,又不能表达出来。家里有只狗狗会比较有安全感。	其实,我想说的是,我有点害怕。你不在家的时候,我一个人既害怕,又寂寞,我希望得到你的爱、重视和陪伴。
	4. 为了迁就你,我已经把狗狗关在阳台了。	我想说的其实是,在实际的行为中,我很尊重你的感受,我想让你看见我对你的爱。
期待	现实期待:先生让我养狗。	其实,我真实的隐含期待是,先生能够看见我对他的爱,看见我的感受,重视我一个人在家会害怕的感受,给我安全感。
渴望	爱,重视、安全感	

幸运的是,因为夫妻在一起学习,我们帮助夫妻双方看清了这位太太真实的渴望是爱、重视和安全感。而先生看见了这个部分以后,也表示愿意在将来的生活中,更多关注到太太的感受,向她表达爱和重视,给她更多的安全感。太太也接受了先生不在家里养狗的请求。而这也是先生的期待。

在夫妻关系中,有一条公式叫做"你满足他的渴望,他满足你的期待"。如果我们都能够从冰山的底层去关爱对方,那么就是在根源上解决问题。底层的问题解决了,表层的问题也随之化解了。这就是冰山转化的神奇之处。

第三节　一念之转

冰山工具是一个能够有效帮助我们了解自己的工具，但是我们进行学习，不仅是为了了解，更是为了改变。ABC 疗法所设置的信念转化步骤是有效的，但是因为耗费时间长，所以应用并不广泛。

在转变信念系统的工具中，"转念作业"是运用较多、较为简单且行之有效的方法。转念作业的结构很简单，就是"四个提问，一个反转"。

这个工具背后有一个十分有趣的故事。它不是来自于什么高大上的理论流派，而是一位平凡的美国妇女无意之间创造出来的方法，真正印证了一句土话：高手在民间。

1986 年 2 月的一个清晨，拜伦·凯蒂从"中途之家"（halfway house）的地板上忽然清醒过来。当时她 43 岁，结过两次婚，有三个孩子，有自己的事业。但是整整十年来，她一直处于精神低迷的状态，暴躁易怒，偏执发狂，直到她的家人再也受不了她。她被送到专门收容"厌食症"妇女的"中途之家"，其原因还是因为，这是她的保险公司唯一肯付费的机构。

进入机构以后，她依然是机构里最不受欢迎的人，她被安置在阁楼上。大约一周以后的某个早晨，她躺在地板上（因为她觉得自己不配睡在床上），醒来的刹那，完全不知道自己是谁，自己怎么了。似乎所有的愤怒、所有曾经困扰她的想法，以及她的整个世界全都不见了。她的内心充满了喜悦。

当她回到家以后，她的家人和朋友都觉得她仿佛变成了另一个人。邻居和朋友们纷纷向她请教，请求她给与帮助。她回想自己的历程，开始把自己转念的过程拟成具体的问题，教授给大家。这就形成了"转念作业"的功课。

转念作业分成两个步骤：

第一个步骤：批评他人

联系前文讲到的"小我"的结构，每当我们体验到负面情绪，其实是因为我们陷入了一个常见的小我的结构——我是对的，他人是错的。当我们深陷这个结构的时候，我们的大脑就在不断地批评他人。为了看清楚我们的内在信念，我们需要一套工具把它书写出来。

1. 谁让你感到生气、伤心或失望？为什么？他（们）有哪些地方是你不喜欢的？（切记：尽可能苛刻、孩子气，而且心胸狭窄。）

我很讨厌（生气、伤心、害怕、迷惑等等）_____（人名），因为_____

2. 你要他（们）如何改变，你期待他（们）怎么表现？

我要_____（人名）去做_____

3. 他（们）应该（或不应该）做、想、成为或感觉什么呢？你想给他（们）什么样的忠告？

_____（人名）应该（不应该）_____

4. 你需要他（们）怎么做，你才会快乐？（假装是你的生日，你可以提出任何愿望，尽管开口吧。）

我需要_____（人名）去做_____

5. 此刻，他（们）在你心目中是怎样的人呢？请详细描述一下。（不需要理智或仁慈）

_____（人名）是_____

6. 你再也不想跟这个（些）人经历什么事？

我再也不要或我拒绝_____

第二个步骤：四个提问，一个反转

批评完别人，现在轮到我们反躬自问啦。四个提问：

1. 那是真的吗？

没有对错，你只需要如实面对内心的感受。

2. 你能百分之百肯定那是真的吗？

如果你对第二问的答复是肯定的，那么继续下一个问题。倘若不确定或略感不安，可以暂停下来，重新思考你的答复。

3. 当你持有那个想法时，你会如何反应呢？

当你持有那个想法时，你会怎样对待自己，怎样对待你所写的那个人呢？你会做什么事？请把它具体地列出来。如果你有那个想法，你会对那个人说什么？也可以具体地列出来，总之，越详细越好。

4. 没有那个想法时，你会是怎样的人呢？

这一刻，你可以选择闭上眼睛，安静等候。想象，如果没有那一个想法，你从未有过那个念头，你会看到什么？感受如何？情况会有何改变呢？都可以详细地列出来。

一个反转：

现在轮到反转啦，当你确定一个你本来以为的坚定不移的念头——你的一个强化的小我，然后将主语、谓语、宾语分别进行反转，你再看看是不是也是"真"的信念。

比如：她嫌弃我不够好。

句式反向（肯定改成否定、否定改为肯定）：她不是嫌弃我不够好。

自他反向（把她改成我，我改成她）：我嫌弃她不够好。

自我反向（只把她改成我）：我嫌弃我不够好。

经由这样长期不断地练习，我们的信念系统会变得越来越灵活，就不会那么僵化啦。

范例：

我自己的一个转念作业：我曾经认为，养育孩子耽误了我的工作，使得我在很长一段时间里不能在工作上取得好的成就，因此我感到沮丧和彷徨，甚至有点埋怨，我觉得结婚生子耽误了我。我的信念是，如果没有养育孩子的干扰，我一定可以在事业上取得更好的成就。

当我确定我的信念是这一条以后，我就进行反躬自问：

1. 这是真的吗？

真的。因为养育孩子，我每天的工作时间少了 4～6 个小时。我必须下班就回家照顾孩子，我甚至还因此总结出了男女两性成就的差别。生儿育女后的十年，男人什么都没有变，而女性要么无法去工作，要么即使工作了，也无法在工作上交付和男人一样多的时间。我计算过一个公式：女人下班就回家照顾孩子了，男人下班以后加班、应酬、精进自己，每天比女性多 4 个小时的时间在工作上。一年就是 1000 多个小时，十年就是 10000 多个小时。根据 1 万小时定律，男人变成了专家，而女人原地踏步。

2. 你能百分之百肯定这是真的吗？

不能。因为有很多例外。有时候，工作时长和工作效能并不是完全画等号的。

3. 如果你持有那个想法，你会如何反应？

如果我持有这个想法，我会很不快乐，甚至陷入哀怨和愤怒之中。我会对孩子生气，在她们不如我意的时候，责怪和埋怨她们，怪她们耽误了我，无法全然快乐地陪伴她们。我甚至会和她们说："都是因为你们，所以妈妈没有办法在工作上取得好的成就。"我会把我的怨气强加到她们身上，使她们承担不该属于她们的生命课题。我也会埋怨老公，觉得男人不靠谱，承担得太少，我会有非常多的愤怒。

4. 没有那个想法的时候，你会是一个什么样的人？

如果没有持有这个想法，我会非常地快乐和自由，我会活在当下。接受生命的每个不同阶段，有不同的任务和使命。我会感恩孩子的存在给我带来的快乐，我会感恩先生与我的不同给我带来的启示和成长。

一个反转：

孩子的存在，不仅没有耽误我，还给了我很好的工作机会和成长动力。

我仔细思考我的生活现状，因为养育孩子，我虽然辞去了大学老师的工作，却创办了幼儿园、小学和中学……我的事业成就远远超过了我原有的人生设定。

在养育孩子之前，我是一个任性又情绪不稳定的人，可是因为养育孩子重新学习心理学，我更加深刻地进入自己、了解自己的内在，也帮助很多人回归自我，寻找自己的成长。我的变化太大了。

固有信念的反面看起来更加真实得多。但是当我陷入到"小我"的时候，我是看不见这个部分的。

第六章 沟通：与世界和平相处

第一节　沟通的要素与原则

女性觉醒和成长的目的是什么？其实就是达成自己内在世界和外在世界的和谐与合作。检验是否达成和谐的标准是什么？就是沟通。我们和自己沟通得如何，是否能够接纳自己的全部，而不是部分；我们和外在世界（他人与环境）沟通得如何，能否和平相处。

沟通三要素

沟通是在人际之间完成的，包含三个要素：自我、他人、情境。整个沟通过程，就是这三个要素互动的过程。

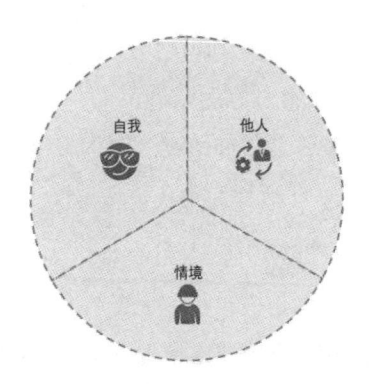

简言之，沟通的场景想象就是谁（自我）和谁（他人），在

什么时间地点谈什么事，有什么目标，取得什么结果。

自我

在这个三要素中，自我是最重要的要素。自我的状态（指的是情绪状态、认知状态、理性状态）决定了沟通的起点，也就是说，自我的状态一开始对了，后面的沟通只是技巧和语言能力的问题，自然是对的。如果自我的状态不对，即便掌握再多的技巧，也无法达成良好的沟通结果。本书前面几章所介绍的方法，都有助于调整自我的状态。一个人自我状态比较好，自我价值感高，在沟通中就会比较自信、真诚，敢于表达自己的观点。反之，一个人自我价值感低，总担心自己说错话，或者担心对方误解自己的意思，则无法将有效沟通进行到底，或者看起来沟通已经结束了，但还是会对自己充满各种不满意。

他人

萨特说，他人即地狱。我们决定发起一次沟通的时候，为什么那么犹豫？第一是感觉到自己还没有准备好（自我状态不良），第二则是无法获悉对方的状态（对他人的状态没有感知）。在沟通中，很多人最容易犯的毛病，是一味地表达自己的观点。事实上，在沟通的要素中，和他人相关的这个象限里，最重要的技巧是倾听，耐心的倾听。人本心理学家卡尔·罗杰斯对心理咨询的贡献之一，就是提出了"无条件积极关注"的观点。

所谓"无条件积极关注"，就是倾听，不带评判地认真倾听，尊重来访者的感受和想法，并与他共情，真诚地回应。

以下是两段对话的比较。

孩子：妈妈，我不想写作业。

妈妈：你想太多了，赶紧把作业写完。

孩子：妈妈，你一点都不懂小朋友的感受。

妈妈：小孩子家家，哪来那么多乱七八糟的想法，赶紧做作业。

（这是在沟通吗？妈妈有听到孩子的感受吗？）

孩子：妈妈，我不想写作业。

妈妈：发生了什么？

孩子：写字很累。

妈妈：是呀，对于小孩而言，写字是挺辛苦的事儿。

孩子：所以，我不想写。

妈妈：嗯，我理解你的感受。

孩子：不，你不理解，你不知道小孩子是不喜欢写作业的吗？

妈妈：哈哈哈，是的，我记得我还是小孩子的时候，也很讨厌写作业。

孩子：真的吗？

妈妈：是真的。

孩子：那你是怎么做的？

妈妈：我一边讨厌着一边坚持写，然后等待写完以后的奖励。

孩子：奖励是什么？

妈妈：一个冰淇淋可不可以？

孩子：那你陪我写。

妈妈：好呀，妈妈很愿意陪你写作业。

（比较两段对话，有什么区别呢？）

情境

沟通的情境要素很容易被忽略，是因为大家没有意识到情境要素关系到沟通的效果。什么是情境要素？就是什么场合说什么话。在我们发起沟通之前，我们需要考虑到几个基本的情境：

角色与关系。沟通者之间是什么关系？朋友？夫妻？同事？陌生人？……根据不同的关系，决定使用不同的沟通方式。

沟通目的。为什么发起这次沟通？是要完成一个项目，还是达成一个共识？是一次谈判，还是一次陌生拜访？或者就孩子的教育问题进行讨论？

沟通的场景与氛围。是一次正式的一对一的沟通，在比较私密的环境里，还是在比较嘈杂的环境里？是比较长时间才能完成的一个沟通，还是简单几句话就可以结束的交流？是比较严肃，还是比较随意？

这些情境要素都是我们在沟通中需要注意的。

沟通的两个基本原则

每一次沟通其实都包含了两个原则：关系原则和目标原则。

依据这个原则，沟通一般会出现四种结果：

1. 目标实现，关系也得以维护；
2. 目标实现，破坏了关系；
3. 目标没有实现，但关系得以维护；
4. 目标没有实现，关系也破坏了。

最好的沟通结果自然是第一种，但是在现实生活中，往往第二、三种状况比较经常出现。而第四种沟通方式最容易出现在婚姻中。本来两个人结婚是奔着共同的生活目标和建立亲密关系去的，但是走着走着，因为糟糕的沟通方式，最后导致目标没有实现，关系也越来越恶劣。

关系原则

在这两个原则中，我们对关系原则特别重视。关系原则的基础取决于沟通者的自我状态，自我状态健康良好，沟通就会进行得比较顺利。自我状态不良，常常导致沟通不顺利。

冰山工具是我们测评和调整自我状态的一个非常好的工具。最好的沟通其实就是站在"冰山"上说话：发生了什么，有什么感受，有什么想法，有什么期待和希望。所谓的同理性沟通、一致性沟通、非暴力沟通，其实就是看见对方，发生了什么，有什么感受，有什么想法，有什么期待和希望，然后二者之间通过沟通，达成一致。

失败的沟通往往是因为我们错误的应对姿态。

萨提亚指出，人类有四种不一致的应对姿态：指责、讨好、超理智和打岔。失败的沟通往往都是由不一致的应对姿态引起的。我们期待一个结果，但是却不愿意用真诚与真实的语言表达它。有一次课程结束，一个学员对这几种沟通姿态做了一个总结，我觉得说得很不错：

> 我理解的指责、一致性、打岔、讨好、超理智，折射到两个人的沟通上面，指责就是控制型沟通：期待对方完全按照自己的意愿来执行，满足自己的期待，不管别人的期待。
>
> 一致性就是协商型沟通：双方协调好，双方均基本满足自身的期待。
>
> 讨好就是放弃型沟通：完全按照对方的意愿来执行，满足对方的期待，压抑或者放弃自己的期待，背后带着哀怨的指责。
>
> 打岔就是拒绝型沟通：对方期待我按照对方意愿来执行，我强烈反对，双方意见不一致，为了避免继续冲突，那就先放下不提，双方的期待都不满足，但是打岔背后带着讨好。
>
> 超理智就是平行型沟通：你有你的说法，我有我的意见，说不到一起，但是我还是要跟你说这个道理，双方期待都得不到满足，但是，超理智方受伤少一点。

我们学习沟通的目标，就是学会一致性沟通。

目标原则

沟通的第二个重要原则是目标。关于目标管理的书很多，这里就不再过多引用这些理论，只把目标管理做简单的几个分类。

目标分类一：生活目标、工作目标。

这个目标分类很简单，就是你准备发起一场沟通的目标属性是什么？是为了完成生活里的一个目标，还是有一个具体要完成的工作目标？

鉴于本书是讲关系为主的，就以生活目标举例。

比如说，你准备和你的先生发起一场沟通，关于孩子暑期生活的安排。你认为孩子最好能够参加一些暑期活动，而先生却觉得呆在家里更安全也更简单，没必要那么折腾。就这个问题，你该如何进行沟通呢？

目标分类二：短期目标、长期目标

你要发起沟通的是一个短期目标还是长期目标，如果是上述那个议题，那就是短期目标，聚焦在短期要完成的事情上。那么什么是长期目标呢？比如说孩子上什么学校，在哪里买房子，在哪个城市工作和生活，这就是一个长期目标。

往往长期目标的沟通比短期目标的沟通要复杂得多。

我们进行过一段时间的目标管理之后就会发现，关于目标管理，有两个重要的关键点。

第一，目标清晰化。

比如，你要说服先生购买一个学区房，这是一个非常清晰的目标。那么，实现这个目标的益处是什么，没有实现这个目标的后果又是什么？你是否都清晰地知道？

清晰化的目标为什么这么重要？让我们来看看下面这个故事。

1950年，世界著名女游泳运动员弗罗伦丝·查德威克，因为是第一个成功横渡英吉利海峡的女性而闻名于世。

两年后，她计划从卡德林那岛出发游向加利福尼亚海岸，想再创造一次纪录。1952年深秋，天气已经非常寒冷，海面上浓雾重重。查德威克在海里已经游了整整16小时，她泡在冰冷的海水里，嘴唇冻得发紫，身体不停打着寒战。放眼望去，前方只有浓浓的大雾，和陪伴她的随行小艇。

终于，她觉得自己坚持不住了，请求她的朋友把她拉上岸。但是她的朋友跟她说：只有一英里了。然而，浓雾挡住了她的视线，她不相信，朋友只好把她拉上岸，她才发现，真的只差最后一英里了。

事后，在接受记者采访的时候，她说："如果我当时能看到海岸，我就一定能坚持游到终点。可是大雾使我看不到方向，我感觉不到希望的存在。"

两个月以后，查德威克再次挑战，天气依然寒冷，甚至更冷了，大雾依然弥漫，但这次不同的是，她的助手在海面上每隔一定距离，就设置一个浮标，查德威克每游一处就可以暗示自己——我离目标还有多远，这一次她成功了。

有时候，我们放弃，并不是因为我们没有能力和勇气，而是我们看不清自己的目标，凡是给自己设定了清晰目标的人，总是能够走到最后。

第二，把目标分解成可执行的任务清单。

这一点是非常重要又比较容易被忽略的。很多人喜欢制定很大的目标，比如说育儿，你问她：你育儿的目标是什么？她会告诉你，我要我的孩子健康快乐。非常抱歉，这是个大目标，非常难以执行，因为它不具体不清晰，也比较难以被拆解成日常可执行的步骤。所以，太大的目标，不一定是个好目标。

相比而言，把育儿的目标拆解成几个可执行的小目标，再拆解成几个可执行的任务区间要容易得多。

比如，我对孩子的养育有两个目标：关系良好，未来有成就。然后，继续拆解目标：如何关系良好？这个目标就会被拆解成陪伴时间、陪伴质量、夫妻关系、母亲的自我状态。然后这些项目还可以继续拆解：几岁到几岁，合适的陪伴时间是多少，爸爸多少妈妈多少？怎么陪伴？游戏力陪伴，亲密陪伴，教练式陪伴？夫妻关系怎么经营？母亲的自我状态怎么调整？这些问题都可以分解成具体可执行的任务清单，并且伴有相应的时间表。这样拆解完，就会发现一个抽象的大目标被细化成具体的小目标，执行起来就轻松多了。

第二节　沟通的误区与迷思

沟通的误区

沟通分为语言沟通和非语言沟通，语言沟通是我们在沟通中最经常使用的一种沟通方式。语言沟通是人类的伟大发明，也是人区别于动物的一个伟大表征。但是，语言本身既是沟通的工具，又是沟通的障碍。

《创世记》里记载了人类是如何迷失于语言的，这就是著名的"巴别塔的故事"：

> 那时，天下人的口音言语都是一样。
>
> 他们往东边迁移的时候，在示拿地遇见一片平原，就住在那里。
>
> 他们彼此商量说："来吧，我们要做砖，把砖烧透了。"他们就拿砖当石头，又拿石漆当灰泥。
>
> 他们说："来吧，我们要建造一座城和一座塔，塔顶通天，为要传扬我们的名，免得我们分散在全地上。"
>
> 耶和华降临，要看看世人所建造的城和塔。
>
> 耶和华说："看哪，他们成为一样的人民，都是一样的言语，如今既做起这事来，以后他们要做的事就没有不成

就的了。我们下去,在那里变乱他们的口音,使他们的言语彼此不通。"

于是,耶和华使他们从那里分散在全地上,他们就停工不造那城了。

因为耶和华在那里变乱天下人的言语,使众人分散在全地上,所以那城名叫巴别(就是"变乱"的意思)。

这个世界因为有了语言,沟通的效率提升了;也因为有了语言,沟通的误解也产生了。

在沟通过程中,我们说了一些话,然后对方给了反馈,我们常常会发现对方根本没有理解话里的意思,我们就急急忙忙地说:"我不是这个意思。"然后进行了一番重新的解释。解释完,我们会发现,对方的理解还是与我们不同。于是我们感慨,沟通真是太难了。

我们会发出这样的感慨,是因为不理解语言沟通的传输过程。

语言是工具,也是最大的障碍

在心理学的诸多流派中,NLP被称为"神经语言程序学",是对沟通语言研究最充分的一个流派,也是当下在全世界范围被广泛学习的一个心理学流派。

上个世纪70年代,理查·班德瑞还是加州大学一名年轻的学生,有一次,他得到一个勤工俭学的机会,把完型疗法的创始人弗雷德里克·皮尔斯(Frederick Perls)的工作坊录音刻录成文字版。在工作的过程中，他被这位心理学大师的治疗能力震慑了。他开始模仿皮尔斯的语言，竟然有效果。于是，他开始对心理学着迷。他找到学校的语言学副教授约翰·葛瑞德共同研究语言文字如何改变一个人，继而研究当一个人说某种话的时候，他的内心状态是怎样的。当时，加州大学还有一位非常有才华且著名的教授——格雷戈瑞·贝特森，被称为沟通大师，他非常支持他俩的计划，而且把当时北美最著名的两个心理学家介绍给他们做研究对象，一个是家庭系统治疗的创始人维吉尼亚·萨提亚，另一个是催眠大师米尔顿·艾瑞克森。

两人研究了这些心理学家的语言后，创立了神经语言程序学（NLP）。

N代表neuro（神经），L代表liguistic（语言），P代表programming（程式）。NLP从破解成功人士的语言及思维模式入手，独创性地将他们的思维模式进行解码，发现了人类思想、情绪和行为背后的规律，并将其归结为一套可执行可复制的程式。NLP在全球经过四十多年的发展，已经被公认为是一套有效的实用心理学，很多知名人物都通过学习NLP来实现自我突破。

NLP研究者发现，虽然人们感觉自己按照实际的意思进行了表达，但是对方却有可能听不懂。就算是最基础的话语，也因为各人的体验不同，而存在巨大的差异。

比如，幸福的人生是啥？

A小姐（连接过去的经验或记忆）——幸福的人生就是拥有很多金钱。（所以，得出结论：有钱人很幸福）

B 小姐（连接过去的经验和记忆）——被爱的人是很幸福的吧。（所以，得出结论：时刻沉浸在恋爱体验中的人是幸福的）

C 小姐（连接过去的经验和记忆）——拥有自己的时间是最幸福的事。（所以，得出结论：时间自由是最幸福的）

明明是一个很基础的话语——幸福，但是每个人对此的理解竟然是完全不同的，想象一下，三位女士在一起沟通"什么是幸福的人生"，会是怎样的场景？她们是会迅速接受别人的观点，达成一致，还是坚持自己的观点，并想尽一切办法证明自己的观点才是正确的？在实际的沟通中，后者比较常见。

因为没有人喜欢被说服。如果我们轻易被别人说服，似乎就是在向自己证明，刚才的我，过去的我，是错误的，别人才是对的。很少有人能够接受这样的感受和观点。我们希望证明自己是对的，别人是错的，而不希望轻易被别人说服或在语言上被打败。

让我们看一下，沟通过程中出现偏差的环节：

沟通中，有两个角色，一个是说话者，一个是接受者，那么在信息传送的过程中，到底是哪一个环节出了差错呢？

说话者将自己的体验翻译成语言后传达给接受者（听话者）。将体验翻译成语言的过程是由省略、歪曲、一般化引起的。

接受者则是将说话者所说的语言与自己过去的体验连接起来进行理解，用接受者过去的体验（也就是记忆）去填补空白，用时下比较流行的话说就是"自行脑补"。

省略：将现实的体验翻译成语言，这一过程中会漏掉大部分的信息。

比如，孩子出门参加三天两夜的夏令营，这三天两夜过得丰富极了。他们上山采了夏日的果实，下河摸了鱼，还自己制作了装食物的器皿，并进行了快乐的野餐。当然，也有让人不太愉快的体验，比如夏令营住的地方过于简陋，有蚊虫，晚上也很热，同屋的小朋友没有睡好，晚上踢到了她。早餐里有自己喜欢喝的豆浆，也有很讨厌的豆腐。午餐有好吃的红烧肉，但也被老师要求一定要吃青菜。和小朋友在一起玩很快乐，但也会很想家……非常丰富的体验。

可是，如果孩子回到家，妈妈问她：这次玩得怎么样？她可能只会说：很开心呀。妈妈再多问几句：什么让你这么开心呀？有的孩子，就回答不上来了。回答不上来的原因，可能是因为有趣的事太多，说不完，也有可能是因为语言储备量不足。如果家长要求小朋友把这三天两夜的体验，用日记的方式记下来，也许小朋友只能写两百字，还得绞尽脑汁才能做到。

因为省略了过程，所以家长只能通过连接自己过往的经验去脑补孩子说的"开心"：满天的繁星，还有萤火虫飞来飞去，老师唱着好听的歌，在地里拔出自己想吃的青菜……天哪，和孩子的真实体验，一点都没有关系，但这一切并不妨碍两个人都觉得自己沟通了，并沟通得很愉快。

歪曲：个人运用自己的价值观对事实进行过滤，再按照自己的方式去捕捉对事物的看法。体验被歪曲，然后再进行理解，已经不能代表事物的原貌了。

——老师，我要和我先生离婚。

——发生了什么？

——他一点都不在乎我。每天很晚回家，一身酒味。自从孩子出生以后，他花在孩子身上的时间，屈指可数。他根本不在乎这个家，也不在乎孩子。他就是一个不负责任的男人。

——××，你太太说你结婚以后根本就不顾家。

——她是在胡说八道，污蔑。

——她说你总是回家很晚。

——那是因为加班。

——她说你每天身上都有很重的酒味。

——难道是我想喝酒吗？喝醉了我不难受吗？可是有什么办法呢？工作性质就是这样，有的时候，为了谈下一个业务，再难受都要喝。她怎么都不想着关心一下我的身体呢？

——她说你都没有花时间在孩子身上。

——怎么可能？我这么辛苦，难道不是为了这个家，为了她和孩子。她不上班，又多了一个孩子，这个家的生活谁来照顾，钱谁来赚？难道不是我吗？她还要我怎么样？

一般化：对某事物的一切例外不认同，认为都是同样的意思。

他这个人就是这样，太不会做人了。他不擅长沟通。他就是个木讷的人。这种事，只能这么办……

有没有觉得这些语言很熟悉？是的，我们喜欢"一言以蔽之"，喜欢给别人下判断，作结论。不愿意接受例外，也不想看事实的全部。我们仅仅看到事物冰山的一角，就按照自己的世界观、价值观和人生观，对它进行了总结。

我们的认知只有一个点，却想把整个世界都装进去，这就成了狭隘的认知，成为沟通最大的障碍之一。

沟通的迷思

澄清沟通的迷思十分重要，因为没有沟通是不能的，但是沟通也不是万能的。

迷思一：沟通并不是越多越好。

我们知道，没有沟通或沟通不足，容易产生问题，但是，沟通过头也会制造问题。有时候，过度的沟通不仅无法增进情感，甚至会带来更多的误解和麻烦。

L小姐非常喜欢通过微信沟通，并且喜欢大段大段地表达。最开始的时候，她的朋友们觉得，嗯，这样的沟通很充分、很真诚。可是渐渐地，大家发现，一些很小的问题，只要两三句话就能说明白的问题，L小姐也喜欢通过大段大段的语言来表达。大家就觉得有点审美疲劳了。再后来，她发的文字，大家也就不那么认真看了。L小姐没有意识到这是自己的问题，而开始指责大家都不理解她，都不愿意和她沟通。

有些太太喜欢不停地给先生发微信，并且要求他立刻回复。

事实是，面对大段的语言或者是频繁的刷屏，很多男人都会感到不胜其烦。

一些太太学完了沟通课程之后，会频次很高地和先生做"走心的聊天"，刚开始效果很好，可是时间长了，老"走心"也会让先生感觉到生活太透明，有很大的压力。

人与人之间需要沟通，但是，也要注意沟通的频次和分寸，避免过犹不及的现象发生。

迷思二：达到目标的沟通，不等于彼此理解。

有的时候，两个人说完了事，目标也实现了，彼此也都很满意，但不等于彼此是互相理解的。

她累了，不想说话，想要一个人呆着。于是她说：我想自己一个人呆一会儿。

他想：她是不想搭理我，我还不想搭理她呢。我走开好了。何必在这里讨人嫌。我去找别人玩。

她对结果很满意，心想：他真不错，允许我有个人空间。他真是一个善解人意的人。

好吧，真是一个天大的误会。但，并不妨碍目标的达成。

迷思三：沟通不会解决所有的问题。

大体来说，在生活中，沟通能够解决大部分的问题，但是，仍然有许多问题，是无法通过沟通解决的。

常常有学员来问我："老师，我希望我老公……"我会告诉她，这可能并不是个沟通的问题，而是你要降低自己的期待。

"老师,我希望能够养成良好的学习习惯……我想知道,怎么就这一点和家人沟通……"我会告诉她,你要学习的不是沟通,你要做的是刻意练习。

不要期待沟通能解决所有问题,沟通解决的,就只是沟通的问题。

第三节　一致性沟通

沟通是萨提亚研究比较多的核心问题之一，在这个问题上，萨提亚发现，人们最早在家庭中习得的是沟通。虽然孩子要到两岁左右才开始掌握适量的沟通语言，但是孩子早在前期的观察中，习得了父母的沟通模式。

萨提亚倡导的是一致性的沟通模式，与此对应的是四种不一致的沟通姿态。萨提亚通过观察大量的个案，发现任何一种沟通都含两个方面的信息：言语方面的和情感方面的（或者说非言语方面的）。情感方面的信息包含身体语言、姿态以及语音语调等。

我们可以把沟通信息转变成一个公式：

语言＝信息流＋能量流。

信息流是语言的内容，能量流则是附着在内容上的情感（能量）。举个例子，你对着一个人说"我爱你"，然后把说这句话的情感从 0~10 分进行尝试，你就能感受到能量流了。分数越高，对方越能感受到这句话背后的能量，并且打动人心。

当人们的言语信息和非言语信息（情感信息）相互矛盾的时候，我们就会出现不一致的沟通状态。当两者一致的时候，我们就是在进行一致性沟通。

为什么我们无法一致性沟通

不一致的沟通，典型的表现就是心口不一。

我明明很希望和你说话，却假装一点都不在意。我明明对你有很多期待，却表现得似乎一点都不关心你。我明明很生气，却用极其平淡的语言说出来。我明明很希望你来爱我，却又声称：我再也不想理你了……

为了表现出这种心口不一的状态，萨提亚发展出了沟通姿态的概念，并通过夸张的身体姿势表达出来（因为，言语不足以表达）。这四种姿态分别是指责、讨好、超理智和打岔。（参见本书第五章《"冰山"隐喻及转化》）

在萨提亚看来，沟通姿态其实就是我们的生存姿态。也就是说，我们的沟通姿态不是天生的，它既是一种模仿也是一种习得。它来源于童年时期。

童年时期，孩子会遇到各种各样的问题，这些问题给孩子带来很大的压力，除非父母教给孩子，否则孩子无法发展出有效的方法来应对这些压力。孩子会根据父母如何对待他们来发展出自己的应对方式。

如果父母经常责备孩子，生命力强的孩子，感受到很多的愤怒，就学会了反抗，他也会养成指责的沟通习惯。反之，生命力较弱的孩子，会觉得自己做错了，而感受到羞愧，形成讨好的沟通姿态。

如果父母忽视孩子，或者在言语上冷漠、刻板，孩子就会感受到自己的意见是不重要的，无足轻重的，因而发展出超理智或打岔的沟通姿态。

成年以后，我们会感觉到不一致的沟通姿态带来的麻烦和不舒服，但是，在童年的时候，这些沟通姿态都是我们在努力保护自己。

萨提亚认为，孩子们希望自己有能力改变父母的行为，但是常常失败。孩子们总会觉得自己知道怎样令他们的父母更开心，而且会频繁采取行动将自己的设想变为现实。长大以后，他们会有意无意地挑选那些与父母有着相同行为的人作为自己的伴侣，并试图再次尝试改变伴侣。如果这个改变无法成功，他们就会在自己的孩子身上尝试，直到他们感觉到自己成功为止。然而，遗憾的是，我们尝试改变别人的努力大概率不会成功，因为，我们在用错误的方式终止错误。

在实际的治疗中，萨提亚常常引导她的来访者看到每一种生存姿态背后的完善的种子。讨好当中隐藏着关怀的种子，责备当中隐藏着决断的种子，超理智当中隐藏着智慧的种子，而打岔背后则是创造和变通的种子。

然而，心理治疗的最终目标，依然是我们需要学习正确的沟通方法。萨提亚治疗法有一个重要的观点，那就是不聚焦在病理的部分，不是去除黑暗，而是把光带进去。

什么是一致性沟通

确切地说，这不仅是一种沟通姿态，更是一种完满的个人状态，是我们决定成为更加完善的个体的选择。

一个表里一致的人，具有如下几个特点：

◎一种对自我独特性的欣赏。

◎一种自由流动于自身内部和人际之间的能量。

◎是对自己个性的主张。

◎一种乐于相信自己和他人的意愿。

◎愿意承担风险，并处于易受攻击的位置。

◎能对亲密关系保持开放的态度。

◎能够成为真实的自己，并且接纳他人的自由。

◎爱自己也爱他人。

◎面对改变，具有开放和灵活的态度。

用一致性的方式进行自我的表达

萨提亚的一致性沟通包含几个层次，即关于行为、感受、想法的表达。简而言之，所谓的一致性沟通，就是"站在冰山上说话"。

发生了什么？——说事实

面对这样的现实，有什么样的感受？——说自己的感受（不带情绪的）

伴随着感受，有哪些想法？——说想法（有层次的）

谈谈自己的希望——说期待

一致性沟通可以简约成一段这样的话术练习：

当_____（事实）；

我感到_____（感受）；

我认为＿＿＿＿＿＿＿（想法）；

我希望＿＿＿＿＿＿＿（期待）；

我相信＿＿＿＿＿＿＿＿＿＿＿＿＿＿＿

（表达美好愿望以增进关系）

掌握这样的句式，并不是一件十分困难的事，难度在于，这些句式的灵活应用。

共情他人的冰山

共情就是理解他人特有的经历并相应做出回应的能力。共情是人与生俱来的能力。我们在上课过程中，常常因为需要雕塑案主的原生家庭，会邀请学员来扮演相应的角色。有趣的是，尽管我们对案主的生活知之甚少，或者对她的父母一无所知，可是当我们站到案主父母的角色上，根据案主的描述，做出雕塑之后，我们竟然能够迅速感知到案主父母的感受，这就是人类共情的能力，我们可以感受别人的感受，如果我们在他的位置上。

人天然具有与他人共情的能力，但在实际的运用中，并不是每个人都可以做到这一点，甚至于很多人都做不到。我们更愿意站在自己的角度思考，以自己的世界为中心，而不愿意进入他人的世界，去感受对方的感受。

美国德克萨斯大学的心理学家威廉·伊克斯（William Ickes）是研究共情的专家，他在《共情的精准度》（*Empathic Accuracy*）这本书中，对共情做了这样的描述：

共情推理就是日常生活中的读心术……共情可能是头脑能做的第二伟大的事情,而最伟大的就是意识本身。

我们常常混淆共情和同情。同情是安慰他人,而共情则是理解他人。同情,需要我们投入怜悯、投入情绪就可以了。而共情则需要与情绪保持一定的距离,这样我们才可以看清事物的全貌。共情需要抛开自己的偏见,把他人放在他的情境中去思考,并抑制住自己评判的冲动。共情里有体谅和原谅。

共情的核心是理解,只有在理解之后才能给出解释,才能正确反馈。在沟通中,面对他人,我们最需要的就是共情的能力。共情什么?就是共情他的冰山。他身上发生了什么?在这种情况下,他会有什么感受?他是怎么想的,他有什么期待?深刻的共情会促成高质量的沟通。

尽管共情是一种与生俱来的能力,但共情并不是一个容易掌握的工具和技术,它需要极大的耐心和对他人极深刻的关注。

我们可以简单了解一下共情的 7 个关键步骤:

1. 使用开放式问题。
2. 放缓节奏。
3. 不要匆忙做出评判。
4. 关注你的身体感受。
5. 向过去学习。
6. 让故事充分展开。
7. 设定边界。

下面是一段不含共情的夫妻对话和一段饱含共情的夫妻对话。

T先生晚上 10 点才到家，并且已经喝得有点醉了。

T太太非常担心，却也非常生气："怎么这么晚才回来？每天都弄到这么晚，又喝醉了？你都没考虑过我们的感受吗？每天要面对一个醉醺醺的先生或者爸爸，你为什么都没有留一点时间给我们？"

T先生非常生气，觉得太太不理解自己，还无理取闹，唠叨又啰嗦，大吼一声："你还有完没完了？"就自己回房睡了，留下T太太一个人，又生气又伤心，想着这个婚姻究竟还有没有继续的必要了。

T太太想起了学过的冰山工具，决定画一座冰山来看看，自己身上究竟发生了什么？

事件：先生喝醉酒了，回家很晚，两个人吵起来。

应对：指责。

感受：愤怒、生气、伤心、难过、挫败。

想法：

1. 又喝醉了，每次总是这样。
2. 喝醉了，人都没有意识，也没有时间陪我们。
3. 一个男人难道不应该多留一点时间给妻儿吗？

期待：先生能够多花一点时间陪自己。

渴望：重视。

画完冰山以后，T太太意识到，她的愤怒不仅是对先生的，还来源于她的父亲。小的时候，她的父亲也总是这样忙碌，并且常常喝醉酒回家，让她很害怕也很担心。妈妈总是很愤怒地指责父亲，然后默默地哭泣。T太太意识到，自己在延续父母的命运。她决定换一种方式，想到在课堂上学到的一致性沟通的方法，准备对先生做一个共情。她想象他喝醉酒以后回家的感受，发现其实喝醉酒是很辛苦很累的，很希望得到太太的关心，而不是指责。于是，先生再一次喝醉酒回到家的时候，她换了一种沟通方式。

"发生了什么？怎么喝成这样了，会不会难受？喝点水，休息一下吧。"T先生很惊讶，但是因为太累了，所以没有说什么，就睡下了。第二天上午，T先生对T太太说："对不起，昨天我喝得太多了，让你担心了。"

T太太一瞬间有点泪意："没关系，我就是有点担心你。以前是我做得不好，我只想着你喝醉酒了没时间陪我们，没有考虑你身体的感受，也没有关心你为什么每次都要喝这么多酒。"

T先生："有的时候，工作上的应酬，实在是没有办法，也拒绝不了。"

T太太："我不知道是因为工作的关系，我还以为是你自己不管好自己。小的时候，我爸爸也常常喝醉酒，我妈妈也总是很伤心难过。所以，每次看到你喝醉了，我总会忍不住想起我小时候的场景，我很害怕也很担心，但我表达不好。说的话让你难过了，对不起。"

T先生："以后，我会注意少喝一点。"

T太太告诉我，这一次沟通是他们俩这么多年来，说话最温柔又最理性的一次，后来他们还彼此聊了很多小时候的事，感觉到两个人对对方的理解又深刻了很多。先生虽然还时而喝醉，但频次少了很多，她也没有那么容易生气了。她意识到，站在自己的冰山上说话，和共情到对方的冰山，原来有这么大的区别。

一致性沟通的原则

一致性沟通要注意几个基本原则：

第一个原则：真诚

美国心理学家安德森（N. Anderson）在研究影响人际关系的人格特质的时候，发现关系中最受欢迎的三个品质是真诚、诚实、理解。最被讨厌的则是说谎、假装、不老实。

真诚是沟通中最重要的品质。即使你还没有拥有高超的沟通技巧，但是你拥有真诚的品质，也会使沟通朝向良性发展。

不要说谎。俗话说，一个谎言需要 100 个谎言去圆。然后，无限循环。

第二个原则：处理好自己的情绪

为了能够清晰地表达自己和共情他人，建议先处理好自己的情绪再发起沟通，因为带着情绪思考和说话，无法冷静地看清自己的冰山，也就没有办法进行共情和有效的沟通。

第三个原则：不要只顾着表达自己

在沟通中，有时候倾听比表达重要。共情式地倾听，有助于沟通双方的能量互动起来。

成为沟通高手

真正的沟通高手,都具有如下几个特质:

第一,善解人意。对人的感受和想法,有敏锐的洞察能力,并且能够切实有效地共情。

第二,拥有多样的行为反应能力。真正的高手,不会只有一招,而是见招拆招。他能从各式各样的沟通行为中,选择适合当下的沟通方式。也许是一个笑话,也许是沉默不语,也许是一个身体的拥抱,总之,他有各种方法来达成沟通的目标。

第三,真诚。唯有真诚,触达人心。

学习任何技巧,都要经过能力培养的几个阶段:

1. 意识觉醒期。你意识到这种技巧可能可以给你带来更好的行为方式。比如,开始意识到读书的重要性,大概是因为你读了一本有用的书,从而意识到,可以通过读书的方式找到解决问题的方法。你开始锻炼身体,大概也是意识到,一个好身体给现实生活带来的好处和改变。

2. 笨拙期。刚刚开始学习一个技巧,总是不容易的,而且很慢。有学员问过我:老师,我读书很慢怎么办?我就告诉她:多读。读得慢,就是因为读得太少了。

3. 熟练期。只要你继续保持练习,克服了初期的尴尬和不适应,你就会开始熟练掌握一个新的技能。就好比开车,刚开始的时候,特别紧张,很怕出错,但是开的时间长了,技能就变得越来越熟练。

4. 整合期。当你没有费劲思考这件事，却能表现得很好的时候，你就进入整合期了。你的行为不需要再依循哪个步骤，而是自然而然就能做得很好。

获得诺贝尔经济学奖的美国心理学家丹尼尔·卡尼曼写了一本心理学的书《思考快与慢》。这本书的一个重要观点就是，大脑有快与慢两种做决定的方式。常用的无意识的"系统 1"依赖情感、记忆和经验迅速做出判断，它见闻广博，能够快速对眼前的情况做出反应。但是"系统 1"的毛病是，容易上当，固守"眼见为实"的原则，容易凭借经验和偏见做出错误的选择。"系统 2"则是有意识的，它的特征是比较慢，不容易出错，但是它很懒惰，需要加强练习才能够启动。

每次学习新的技巧，我们就像在"系统 2"，我们知道它是有效的，但是因为我们不擅长，所以启动起来就比较慢。因为人类的大脑很懒，我们就会有对抗，甚至想放弃，只有练习到突破一定的阈值了，我们才能够把缓慢的"系统 2"练习成熟练的"系统 1"。

开车是这样，看书是这样，健身是这样，沟通也是这样，需要不断地持续练习。

练习

使用一致性沟通的句式模板（参见本书第 276 和 277 页）进行一致性沟通的练习。